易盛 编著

虚拟现实
沉浸于**VR**梦境

清华大学出版社

北京

U0289326

内 容 简 介

当今世界科学技术日新月异，例如3D打印、工业4.0、智能家居等新兴技术层出不穷，无一不在重新构造着人们的生活起居。而其中与普通大众非常接近的新科技，无疑当属"虚拟现实"了。

本书主要介绍时下非常热门的虚拟现实行业。从近年虚拟现实的技术发展来看，可以预见虚拟现实在未来3～5年将成为像手机一样的热门领域。本书主要以概念普及为主，通过介绍虚拟现实的发展背景、当前现状、热门应用、未来趋势等，向对此行业感兴趣的读者综述虚拟现实的发展，揭开虚拟现实的面纱。本书以通俗的方式介绍虚拟现实的专业领域，通过全视角的解读向读者展示虚拟现实当前的发展及未来趋势，提前让读者感受全新科技带来的震撼体验。

图书在版编目（C I P）数据

虚拟现实：沉浸于 VR 梦境 / 易盛编著 . – 北京：清华大学出版社，2019
ISBN 978-7-302-46917-9

Ⅰ .①虚⋯ Ⅱ .①易⋯ Ⅲ .①虚拟现实 Ⅳ .① TP391.98

中国版本图书馆 CIP 数据核字 (2017) 第 074335 号

责任编辑：陈绿春
封面设计：潘国文
责任校对：徐俊伟
责任印制：刘海龙

出版发行：清华大学出版社
　　　　网　　　址：http：// www.tup.com.cn，http：// www.wqbook.com
　　　　地　　　址：北京清华大学学研大厦A座　　　邮　编：100084
　　　　社 总 机：010-62770175　　　　　　　邮　购：010-62786544
　　　　投稿与读者服务：010-62776969，c-service@tup.tsinghua.edu.cn
　　　　质 量 反 馈：010-62772015，zhiliang@tup.tsinghua.edu.cn
印 装 者：三河市龙大印装有限公司
经　　销：全国新华书店
开　　本：170mm×240mm　　　印　张：17.5　　　字　数：271千字
版　　次：2019年10月第1版　　　　　　印　次：2019年10月第1次印刷
定　　价：59.00元

产品编号：069676-01

前言

根据科技的发展规律，每 10~15 年会诞生一个新的计算平台，如计算机到智能手机，再到平板电脑，下一个是什么呢？从硅谷到中关村，所有人都在寻找。作为当前最火热的领域和议论话题，虚拟现实承载了人们对未来的一种期许，它不但能改变人们与外界的接触方式，也极有可能就是大家热切盼望的下一代计算平台。

本书内容介绍

全书共分为 6 章，具体内容如下：

第 1 章为"真实的造梦机"，主要介绍虚拟现实的一些特点以及与传统体验不一样的地方，让读者对虚拟现实有一个最直观的认识。

第 2 章为"梦境前哨早知道"，主要介绍虚拟现实技术的原理以及发展历史和龙头公司的成立，并分析了其未来的技术演变。

第 3 章为"打开梦游仙境的钥匙"，主要介绍虚拟现实的硬件设备，让读者快速获取有关虚拟现实的知识。

第 4 章为"筑梦师的独门绝技"，主要介绍虚拟现实的一些建模软件与应用系统，阐述虚拟空间的创建原理。

第 5 章为"行业大革命"，主要介绍虚拟现实在各行各业的发展前景以及目前已经应用得比较成熟的一些领域，例如游戏、影视、军事等。

第 6 章为"VR 的市场淘金"，重点探讨了如何利用虚拟现实技术去实现盈利，从企业、股市、资本、个人等多方面进行了分析。

本书主要特色

内容精炼，通俗易懂。本书作者立足科技行业，从消费者角度解读科技的价值与趋势，从而为大家带来虚拟现实领域的深度剖析。通过介绍虚拟现实的发展背景、当前现状、热门应用、存在问题、未来趋势等，向对此行业感兴趣的读者综述虚拟现实的发展，揭开虚拟现实的神秘面纱并剖析行业中的创业难点。

应用丰富，发散思维。不同于同类书籍中的内容，本书在注重技术普及的同时，还介绍了虚拟现实在诸多领域中的应用，如果读者有自主创业的想法，可以在其中找到灵感。

本书适用对象

本书适合广大关注虚拟现实的人员阅读，也适合作为虚拟现实创业者的操作指南。

本书创作团队

本书由易盛主笔，由于作者水平有限，书中疏漏之处在所难免。在感谢你选择本书的同时，也希望你能够把对本书的意见和建议告诉我们。

售后服务邮箱：Chenlch@tup.tsinghua.edu.cn。

作者

目录

第1章

真实的造梦机

　　自从人类进入 21 世纪以来，各种新奇的"黑科技"层出不穷——移动互联网、智能手机、3D 打印、无人机等。还未待这些新生产物的热潮完全散去，科技界就又抛出了一个新的名词——虚拟现实（即 VR，Virtual Reality）。那么，究竟什么是虚拟现实？它有哪些传统技术不能比拟的特点？它对我们的生活又将产生哪些影响呢？本书将为读者——揭晓这些答案。

1.1　体验一回"黄粱一梦"

　　在我国唐代的传奇小说《枕中记》中，曾记载过这样一个故事：唐开元七年，有一个姓卢的书生，屡次进京赶考，却屡次名落孙山，几年下来功不成名不就，终日垂头丧气。有一天，卢生到邯郸旅店投宿，店中的另一个客人吕翁看他萎靡不振，就拿出了一个仙枕让他枕上。卢生倚枕而卧，不一会儿就安然入睡了，并做了一场享尽荣华富贵的好梦。在梦中他不仅高中状元，还迎娶了"白富美"，并且出将入相，战功赫赫……当卢生梦醒时，左右一看，一切如故，吕翁仍坐在旁边，店主人蒸的黄粱饭（黄米饭）还在锅里！这就是"黄粱一梦"（如图 1-1 所示）的由来了。

图 1-1　黄粱一梦

在现实生活中，每个人或许都会像卢生一样有一些大大小小的梦想，但这些梦想可能又因现实生活的拘束而难以实现。所以千百年来卢生和他的"吕翁仙枕"都只是读书人聊以遣怀的段子。但是，时间走到了21世纪，一项崭新的技术却可能让每个人都能体验一回"黄粱一梦"，这项技术就是"虚拟现实"。

正如"黄粱一梦"靠的是"吕翁仙枕"，而虚拟现实同样需要借助一些外部设备，如一副特殊的眼镜（如图1-2所示），通过它就能让用户体验到与想象中一模一样的情景。

图1-2　体验虚拟现实技术的眼镜

虚拟现实的概念是由美国VPL公司的创建人杰伦·拉尼尔（Jaron Lanier）在20世纪80年代初提出的，也称"灵境技术"或"人工环境"，是综合利用计算机图形系统和各种现实及控制等接口设备，在计算机上生成的、可交互的、在三维环境中提供沉浸感觉的技术。它利用计算机生成一种模拟环境，利用多源信息融合的交互式三维动态视景和实体行为的系统仿真使用户沉浸到该环境中。

之所以把虚拟现实的体验比喻成"黄粱一梦"，是因为虽然它所呈现的场景与梦想中一样，但它并不等于现实，只是利用计算机模拟产生的一个三度空间的虚拟世界，当你摘下所佩戴的特殊眼镜之后，一切又将回归现实，刚才所看到的、触摸到的、感受到的一切都将不复存在，如同卢生从"吕翁仙枕"上醒来一样。这个过程只是把人的感官带入了一个虚拟的数字世界，就像做了一场极其逼真的美梦一样。

在过去，人们看书、电影、电视时，都只能靠想象来脑补画面的真实感，并不能得到身临其境的视觉体验，更别说触觉和嗅觉体验了。但是通过虚拟现实技术，这一切都可能实现，这也是虚拟现实不同于以往任何技术的特点。

1.2 虚拟现实的特点

总体来说，虚拟现实有三大特点，即沉浸感（Immersion）、交互性（Interactivity）、构想性（Imagination），由于三者的英文名称均以字母"I"开头，因此又被称为 I^3 特性（如图1-3所示）。除此之外，虚拟现实还具有多感知性（Multi-Sensory）这一大特点。这些特点的主要含义介绍如下。

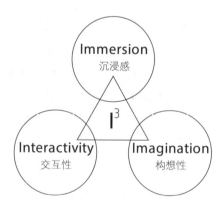

图1-3　虚拟现实的 I^3 特性

1.2.1 沉浸感

"沉浸感"（Immersion）是出现在虚拟现实介绍中最多的一个词，的确，不论是电视还是电影，我们基本都是一个旁观者，即便剧情再精

彩、游戏氛围再棒，从某种程度上来说我们都无法真正沉浸其中。虚拟现实则解决了这个问题，通过接近人类视角的头戴屏幕设备、头部及动作追踪技术，让你真正感受到虚拟环境的氛围。这种体验不仅仅可以用于游戏，还包括互动电影、商业活动（如看车、看房）或是一些平常无法实现的事情（旅行、探险）。

"沉浸感"的原理来自用户的高度注意力，因此其他的一些需要高度专注的行为，如看书、玩游戏等也会产生沉浸效果。当人们将注意力集中于书籍、电影或游戏当中时，过于集中的注意力会过滤掉所有不相关的知觉，从而进入一种旁若无人的状态。

美国伊利诺伊大学的感知学学者丹·西蒙斯曾经做过一个名为"看不见的大猩猩"的实验，该实验可以很好地用来说明沉浸效果。实验中，受试者被要求观看一段两组篮球队员在组内彼此之间相互传球的视频，并且要数出每组球员传球的次数，那么如果有一只大猩猩从球员之间走过（如图1-4所示），受试者是否会注意到呢？也许读者会想当然地认为肯定会，因为黑猩猩毕竟是一个很大的目标，出现在狭小的球场上肯定会引起注意。但是，实验的结果却让人吃惊，几乎有超过一半的受试者没有注意到他们的眼皮底下曾大摇大摆地走过一只黑猩猩。

图1-4　"看不见的大猩猩"实验

在一个虚拟现实环境中，用户体验到沉浸感，也就是所谓的感觉到成为虚拟现实环境的一部分，同时用户也可以和他所处的虚拟环境进行有意义的交互，沉浸感和交互感的结合统称为临场感（Telepresence）。计算机科学家乔纳森·斯特尔（Jonathan Steuer）将之定义为"与直接的物理环境相比，个体处在这种间接的虚拟环境中，感觉到真实的程度"。

换言之，理想的模拟环境可以做到让用户在体验的过程中不自觉地全身心投入到计算机创建的三维虚拟环境中，甚至感觉不到虚拟环境与现实世界的差距，不管是视觉、听觉还是触觉，甚至是嗅觉、味觉等一系列的感官都能让用户觉得周围的一切都是真的，于是沉迷在虚拟的环境中。

1.2.2 交互性

在这里，我们可以先把"交互"这两个字拆开来看。字典里说，人与人相互来往联系称为"交"，而"互"的本意是指一种绞绳子的工具，引申为交错，表示动作或信息互相传递，而当这两个字连接起来后，这个概念就比较广了。一般来说，"交互性"（Interactivity）被运用于计算机及多媒体领域，并且多为 2D 交互。例如人使用计算机进行文字输入，所打出来的字就会输出在计算机屏幕上，通过人的眼睛进入大脑，这便形成了一个简单的交互行为。

而虚拟现实的交互性，事实上与计算机的交互性大同小异，都是人与物之间的互动关系，只是交互模式从 2D 跨越到了 3D。例如，当人进入一个充满美味食物的虚拟场景中的时候，如果他想吃中间的某样食物，他可以走到食物的旁边，"拿"起它，甚至真的"吃"掉它；再举例，看《纽约时报》的"巴黎守夜"视频（如图 1-5 所示）时，该视频有一个线性叙事形式：随着黑夜变成白天，你倾听巴黎人详细讲述袭击的故事，然而在他们说话的时候，你可以四处走动，并且从不同角度探究事发地。

图1-5　"巴黎守夜"视频截图

　　总而言之，在虚拟现实的世界里，你可以直接用手去触摸你所感兴趣的物体，而不是被动地去感受模拟场景中的一切，包括场景中物体的触感、重量等，你甚至可以让它随着你的手移动、摆放它的位置。这种可以置身于场景中，与场景内的物体进行交互和操作，并得到及时反馈的性质就叫作"交互性"。

1.2.3　构想性

　　虚拟现实的构想性（Imagination）可以充分体现在它在医疗、军事、工程等方面。例如，在医疗行业，医学家们经常先使用小白鼠做实验，再一步一步推导出该操作对人体有什么影响；而在手术方面，要么用小动物给初学者练手，要么在征得病人家属的同意下让新手进入手术室帮忙，条件的限制导致医学的学习和研究进步缓慢。而如果有了虚拟现实，就大不相同了。与传统开放式手术不同，医生手术不是看着人体器官做，而是通过内窥镜看着屏幕来做手术，如图1-6所示。

　　虚拟现实的设计者可以将手术所需人体器官通过几何、生理、物理的建模，变成高度仿真的数字化器官，医生在虚拟手术中进行操作，

感觉就像在真实器官上进行手术一样，不但可以锻炼医生的操作能力，还能使医生在"实践"过程中加深对医术的认知，产生新意和构想，同时还可以采集个性化的病体器官数据，构建个性化病体器官模型，进行具体的手术规划和预演，从而大幅度改善手术效果，对医疗手术带来颠覆性影响。

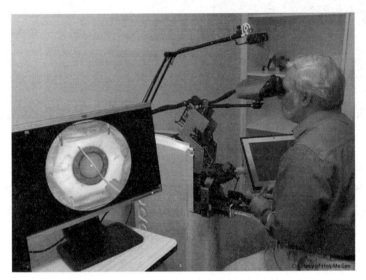

图 1-6　虚拟现实手术

过去，人们只能靠一次次的实务来得出问题的结果，被动地进行探索。而现在，人们可以在虚拟现实的世界里尽情研究，结合想象主动地去探索和接收信息，不必担心可能出现的试验资源匮乏和经费等问题。

此外，虚拟现实技术不仅能够创造出人类已知的模拟场景，还能够创造出你从未见过的、客观上根本不存在的甚至不可能发生的场景，从而拓宽你的认知范围。

1.2.4　多感知性

人处在生活中，可以感知到周围的一切，像闻到的花是香的，阳

光是温暖的，等等。而在虚拟现实技术中，多感知性（Multi-Sensory）的要求指的是，除了一般计算机技术所具有的视觉感知之外，还具有自然界中的听觉感知、力觉感知、触觉感知、运动感知，甚至包括味觉感知、嗅觉感知等。

像有些商家所宣传的 9D 电影，如图 1-7 所示，便是以虚拟现实技术为核心制作出来的，将视觉、听觉、嗅觉、触觉和动感完美地融为一体的电影。观众在观看电影时，不仅可以"触摸"到电影中的物体，还能"遭遇"刮风、下雨、雷电等场景，如影片内在播放下雨的场面，影片所做的环境特效便能让观众感到有雨淋在身上；电影中刮起了风，观众便同步感觉到有风吹来；电影中起了雾，观众也感觉到有雾在身边弥漫……让人身临其境，妙趣横生。

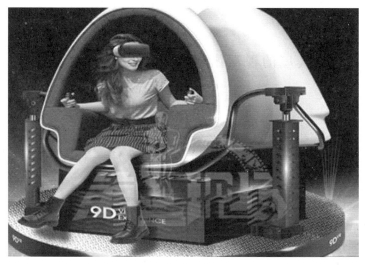

图 1-7　9D 电影

理想型的虚拟现实技术应该具有一切人所具有的感知功能，达到让用户所感知的世界与现实无异。但由于相关技术，特别是传感技术的限制，目前虚拟现实技术所具有的感知功能仅限于视觉、听觉、力觉、触觉、运动等几种。

1.3　真实的"穿越"体验

近几年来，穿越类型的电视剧、小说颇受大众喜爱。穿越并不仅限于回到过去，也可以穿越到未来，或穿越到平行空间、平行世界、平行宇宙，或是同一时空、同一时代，还有可能"空穿"，穿到一个没有历史记录（架空）的时代，还有可能穿到异时空，如玄幻文明、仙魔文明、奇幻文明等。大众之所以热衷于"穿越"，其主要原因便是可以将自己投射到剧作的角色当中，在一个虚构的世界里做自己想做的事，逃离掉现实生活中的烦琐。

如果换在以前，这种穿越可能只是人们的幻想，但现在借助虚拟现实技术，的确可以在一定程度上还原穿越的感受——当进入虚拟现实世界的那一刻起，你便踏入了穿越的世界。

1.3.1　身临其境的视觉体验

在虚拟现实系统中，视觉感知技术的主要作用对象就是人的眼睛。在所有感觉中，视觉的意义非比寻常，在日常生活中，有超过80%的外界信息都是由视觉系统感知、接收和处理的。人的眼球直径在24mm左右，后半部分基本被视网膜覆盖。视网膜由1.1亿~1.3亿个相应黑白的柱细胞和600万~700万个感受彩色的锥细胞组成。视网膜边缘分辨率很低，中央凹处分辨率极高。另外，人眼具有很强的动态调节适应能力，现阶段虚拟现实技术还很难满足人眼对环境的感知变化，是用户体验的主要瓶颈之一。现阶段，虚拟现实内容传入人眼的途径主要有两种：一种是通过屏幕显示，人眼观看屏幕获得内容；另一种是通过投影技术，将画面直接投射到视网膜上。

第一种技术应用简单，使用较普遍。低至手机屏幕，高至4K电视屏幕，都可以作为显示屏，但这些产品都或多或少地存在缺点，例如一定程度的颗粒感、边缘失真、黑边、延迟、帧率过低、对比度一般等。

从视觉角度来说，如果需要获得更好的虚拟现实体验，就需要设备具有高帧速率、低延迟、高分辨率等特点。目前，虚拟现实设备需要达到分辨率 2K 像素以上，延迟 20ms 以内，屏幕刷新率在 60Hz 以上，视场角在 95° 以上才能达到入门标准。

根据 AMD 公司的计算，人类视网膜中央能达到 60 个 PPD（Pixels Per Degree，每度的像素）的可视度，在水平 120°、垂直 135° 的视野下，两只眼睛的视野可以达到 1 亿 6000 万像素，换算成分辨率大概就是 16K 像素。虚拟现实设备需要达到 2K 像素分辨率以上，才能提供及格的显示效果，要达到人眼所能感知的效果，那么虚拟现实显示技术还有很长的路要走。

目前市场上分辨率能达到 4K 像素的 VR 设备并不多，有中科院云计算中心与深圳威阿科技有限公司联合推出的蜃楼 TV-1 和小派科技在 2016 年 4 月 7 日发布的小派 4K VR 等，4K 像素设备的分辨率达到了 3840×2160 像素，可以为用户提供不错的显示效果。另外一个思路就是让眼球注视的地方显示较高分辨率，而视野外围使用较低分辨率。在 2016 年的 CES 美国拉斯维加斯电子消费展上，一家德国公司展示了注视点渲染眼球追踪技术，局部渲染功能让硬件优先高分辨率渲染眼球中央的图像，视野外围用较低分辨率的渲染，从而提升渲染效果，减少设备的计算量。

第二种显示技术是直接将画面投射到眼球。谷歌眼镜、Avegant Glyph、Magic Leap 等都使用了类似的技术。不同的是，谷歌是单眼投影，通过一个微型投影仪和半透明棱镜，将图像投射在视网膜上；Avegant Glyph 采用两个独立投影仪，采用 VRD 虚拟视网膜技术；Magic Leap 采用的是光纤投影仪，使用的是 Fiber Optic Project 技术。投影技术可以实现更为细腻、逼真的 3D 效果，而且画面直接投影到视网膜，缓解了眼睛盯着屏幕产生的疲劳感。

借助虚拟现实的新型显示技术，便可以创造出一些以前不曾有过

的新式体验。以前，如果我们想要表现一个物体或者场景的立体感通常会通过制作沙盘模型、三维动画等方法来实现，而这些方法往往都有一定的局限性。例如楼盘的沙盘模型，如图1-8所示，用户只能看到物体的表面，而不能进入物体内部直接浏览其构造。

图1-8　沙盘模型（1）

而楼盘的三维动画，如图1-9所示，在沙盘的基础之上进行了"升级"，除了可以参观物体外部，还可以进入物体内部进行浏览，但不具有任何交互性，即不是用户想看什么地方就能看到什么地方，用户只能按照设计师预先固定好的一条线路去看某些场景，而不能按照自己的意愿主动地进行浏览。

图1-9　沙盘模型（2）

虚拟现实与沙盘模型和三维动画不同的是，它可以通过专业的360°全景摄像机将用户所想要去的地方、浏览的风景拍摄下来，通过整理编辑和制作，将一个个画面串联到一起，形成一个完整的模拟场景。在场景里用户的视角是全方位的，用户可以根据自己的思维自由浏览，并可以从任意距离、角度浏览场景，就如同用户本身处于场景中一样，如图 1-10 所示。

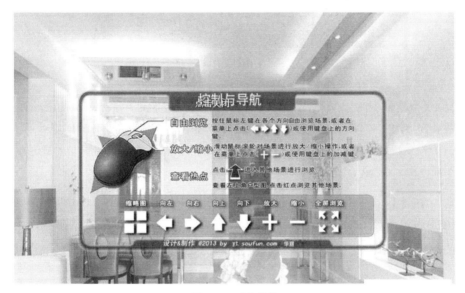

图 1-10　虚拟场景

1.3.2　自带画面的口技

在初中课本中有一则文言文《口技》，说的是口技艺人惟妙惟肖的口技表演，让在场的宾客仿若身处其境，甚至"无不变色离席，奋袖出臂，两股战战，几欲先走"，而撤掉屏风之后一看，却又只有"一人、一桌、一椅、一扇、一抚尺而已。"充分地体现了声音在人意识中的主导作用。口技是优秀的民间表演技艺，也是杂技的一种，表演者用口、齿、唇、舌、喉、鼻等发声器官模仿大自然中的各种声音，如飞禽猛兽、风雨雷电等，能使听的人达到身临其境的效果，如图 1-11 所示。

图 1-11　口技

提示：口技起源于上古时期，人们出于狩猎目的，模仿动物的声音，从而骗取猎物获得食物。据史书记载在公元前298年的战国时期就有《孟尝君夜闯函谷关》的口技故事。到了宋代口技已成为相当成熟的表演艺术，俗称"隔壁戏"，从宋代到民国时期在杭州颇为盛行。

在《口技》里，听众只能听见口技艺人发出的声音，而画面感则需要通过自己的想象来获取，而在虚拟现实系统中，声音的出现都自带相应的画面，不需要听众自己想象。并且虚拟现实技术采用的是 3D 音效，是利用扬声器仿造出的、似乎存在但是虚构的声音。也就是说，如果扬声器仿造出你的周围有雨滴落的声音，那么当你闭上眼睛时，就会感觉周围真的在下雨，但是你的身上却并没有湿漉漉的感觉，这种效果也可以说是前面内容中所提到的打造浸沉感的一部分。

音效在虚拟现实体验中占比仅次于视觉，许多虚拟现实设备都配备耳机，以提供较好的环绕音效。谷歌的 Cardboard 部门最新的 SDK 支持让开发商把空间音效集成到应用中，开发者可以把录制好的声音放到三维空间的任何地方。用户转头会听到声音有强弱变化，而且还能直观地察觉到声音发出的方向。想象一下，在玩恐怖游戏时，后方突然出现了声音是不是很让人毛骨悚然呢？有些厂商还针对虚拟现实单独发售了配套耳机，以提供完美的环境声音，例如三星发布的 Entrim 4D，

结合了内耳前庭刺激和计算机算法，让用户感受到由运动带来的声效变化，从而提升虚拟现实的体验效果。2015 年，东方酷音推出了一款 3D 全息互动耳机 Coolhear V1，号称支持实时处理输入音频文件的声场方位及声音的空间轨迹，实现较好的虚拟现实互动 3D 音效，如图 1-12 所示。

图 1-12　3D 音效的 Coolhear V1 耳机能与 VR 技术完美融合

1.3.3　梦境触手可及

有了视觉和听觉上的完美呈现，虚拟现实场景的外部架构才算基本完成，接下来要做的便是内部架构了。首先是触觉架构，就像之前提到的三维动画一样，用户只能被动地进行浏览，对于场景中的一切，看得到却摸不着，没有交互性，而触觉的架构就为了解决这一问题。

一直以来，触觉的复制都是虚拟现实发展路上的一块挡路石。理想的虚拟现实场景中，当用户对自己所看到的事物感兴趣的时候，是可以用手或者身体的其他部分去接触的，感受物体是"真实"存在的，而不是触碰起来没有任何反馈，甚至还可能会直接穿过物体，打破虚拟现实所打造的真实感。但因为没有办法去复制有着运动学的真实世界，所以触觉复制曾一度被认为是不可能实现的事情。

现阶段虚拟现实对触觉的反馈主要有两种方式：一种是穿戴式，另一种是桌面式。以射击游戏为例，射击有瞄准、发射等动作，伴随着开枪声音，还会有重量与后坐力反馈给玩家。瞄准、射击等动作、震动及重量可以通过手柄或数据枪实现，甚至可以让玩家看到准星上扬、弹道偏移，听觉上的枪响也基本可以还原，但后坐力却很难反馈。还有很多时候，玩家需要拿起一个物品或者挥舞手臂抵挡伤害等，虽然只是游戏，但谁都不想真正感到疼痛或受伤。总体来说，虚拟现实的触觉应该更丰富一些，依靠手柄振动、喷水、吹风、VR体验椅的摇晃（如图1-13所示）等还不足以完整地展现虚拟现实体验。仅仅一个"拿"的动作，触觉反馈便很难实现，不过科学家正朝着这个方向努力。

图1-13　VR体验椅能实现一定程度的触觉反馈

而就在2014年，德国的一位研究员发明了一种由两部分组成的设备，如图1-14所示，这个设备叫作Impacto，可戴在手臂或腿部，模拟撞击的感觉，例如一个足球撞到脚上，或者一个人拍打你的手臂的碰撞感。

图 1-14　Impacto 设备

　　这个无线设备的其中一个组成部分提供了虚弱的震动感，与大部分触觉设备相似，就像你用 Xbox 手柄玩赛车时感觉到的震动。但是 Impacto 的有趣之处是它的第二个部分，它会为你的肌肉连上两个电极，它可以模拟与肌肉疲劳时所做物理治疗时相同的肌肉电刺激。当这两个部分结合起来，你的大脑就会受骗就像出现了某种幻觉。Lopes 在接受 Tech Insider 采访时说道，当触觉驱使你的肌肉移动的时候，大脑也有一部分的主导。让玩家在戴着 VR 头盔时感受到撞击的力量，为触觉复制方面的缺陷提出了一个解决办法。

1.3.4　语音交流

　　除了上述的触觉架构外，在虚拟现实系统中，语音的输入输出也很重要。在 Facebook 未来十年的计划中，要把二维的聊天通信做成三维的可面对面交流的触摸形式。两个相隔几千米的两个人可以在虚拟现实的世界通过手势动作、头部动作和语音进行交流，甚至可以使用虚拟现实场景里的自拍器进行拍照，照片还可以发送到 Facebook 邮箱，作为"现实版"的纪念，如图 1-15 所示。

图 1-15 人在虚拟现实里会面

　　但就目前而言，大部分的虚拟现实产品中所使用的语音交流都是单方面的，例如，伴随着用户进入一个场景，场景中会响起与之匹配的语音解说，用户可以通过点击等操作将语音关闭，但不能与场景中的人或物进行自主的对话交流，因为计算机只是一个操作系统，它没办法像人一样判断语音的语气和其隐藏的含义，及时给出正确且简短的回复。

第 2 章

梦境前哨早知道

通过上一章的介绍我们已经知道，虚拟现实技术与众不同的交互性、构想性、多感知性和沉浸感能够将使用它的人的意识带入到另一个虚拟空间中，看到许多现实中不可能发生的现象，让整个体验过程给人的感觉宛如在做梦一样。而到这里，或许你会产生疑问，这种奇妙的感觉究竟是如何而来的？虚拟现实经历了怎样的改朝换代才出现在我们的面前，引起我们的重视？之后它又将何去何从呢？在接下来的这一章里，本书将化身为一名前哨，带领大家一起去探索虚拟现实产生的来源和它营造梦境的方法，同时为大家揭晓它发展的下一篇章。

2.1　虚拟现实是如何实现的

虚拟现实，即营造出与真实世界无二的虚拟空间，这个空间在现实生活中是并不存在的，而人却可以在这个虚拟的空间里自由移动、触碰里面的物体并受到物体带来的影响。

因此要实现虚拟现实，首先要使人的眼睛能够看到该虚拟空间，并且显示在人眼中的虚拟空间里的一切都必须高度模仿现实世界；其次，人在虚拟空间里的大小与空间内物品的大小应该是成正比的，这样物品在映入人眼睛的时候才不会显得唐突；最后，要体现虚拟现实的真实感，最重要的便是人在虚拟空间里是可以自由移动的，并且可以按照自己的意识去触碰并且操纵虚拟空间里的物品，让它发生在现实世界里也会有的相应形状、位置等方面的改变。综上所述，要实现虚拟现实，最主要需要运用到的技术有 4 个：投影技术、显示技术、人体工程学技术和体感交互技术。

2.1.1　投影技术

在介绍投影技术之前，首先，我们先来了解什么叫投影。"投影"

是一个数学术语，是指投射线通过物体，向选定的投影面投射，并在该面上得到图形的方法。数学上指图形的影子投到一个面或一条线上，例如人的影子，就是太阳的光线透过人体在地面上投射形成的图形，如图2-1 所示。

图 2-1　人的影子

　　而投影技术，则指的就是运用相应的机器设备，将所获取的图片影像有选择、有规律地投射到屏幕上。而这种能够集中放映图像的设备，就叫"投影机"，通常运用于办公教学等方面，如图 2-2 所示。与普通的平面投影要求不同，虚拟现实技术要求的画面要更加立体、真实，并且要求显示的影像并不仅仅是某一个面，而是 360° 的全景投影。

图 2-2　投影机用于办公

　　"全景"（Panorama）是把相机环 360° 拍摄的一组或多组照片拼接成一幅全景图像。需要注意的是，虚拟现实技术中提到的全景图像与视频，与传统相机厂商提到的"全景"并不是一个概念。现在基本所有的智能手机都提供所谓的"全景"拍摄功能。以 iPhone 为例，当用户举起手机按照屏幕上的指引水平移动手机时，就可以拍摄所谓的"全景"照片，如图 2-3 所示。但这种"全景"照片属于常规的"水平全景"照片，不能将相机顶部和底部的信息拍摄进去。

图 2-3　水平的全景照片

　　真正的 360° 全景拍摄需要使用至少两个以上的广角镜头，如诺基亚的 OZO 就使用了 8 个镜头，如图 2-4 所示，从不同角度进行拍摄，并使用后期软件处理成 360° 的全景影像，或是使用机内嵌入式计算系统实时处理成 360° 全景影像。

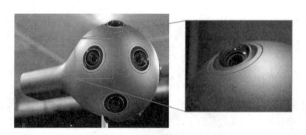

图 2-4　Nokia OZO

　　在水平视角上，图像的尺寸要得到很好的保持，而垂直视角上，尤其是接近两端的时候，图像要呈现出无限的尺寸拉伸，扭曲变形，如图 2-5 所示。

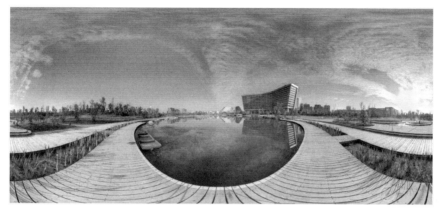

图 2-5　360°全景图片

当将这些图片导入 VR 头盔和应用软件的时候，这些明显变形的画面便能还原为全视角的内容，进而让使用者有一种身临其境的包围感。

那么，为什么 360°全景图片的图像两端要呈现出拉伸扭曲，才能在导入 VR 应用软件的时候形成全视角内容呢？举一个例子，在我国南唐时期有一位画家顾闳中，画过一幅《韩熙载夜宴图》，以连环长卷的方式描摹了南唐巨宦韩熙载家开宴行乐的场景，如图 2-6 所示。

图 2-6　《韩熙载夜宴图》

这幅画采取了传统的构图方式，打破了时间概念，把不同时间中进行的活动组织在同一个画面中。但即使把这幅作品卷成圆筒，人站在圆筒中间看，也无法得到身临其境的感觉。因为你会发现，自己的头顶

和脚下都是空白的，并且图形之间也有明显的接缝，缺少了虚拟现实所需的沉浸感。

再举一个例子，我们小时候学习地理，家里经常会贴一张世界地图，但你是否发现，它却符合一张全景图片需要的全部条件。当我们将它卷起来时，它可以形成一个完整的球状，给位于球中心的人提供360°的全景视觉，如图2-7所示。

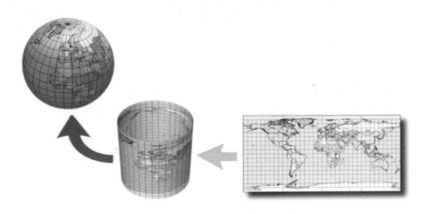

图 2-7　世界地图

因此，一张符合虚拟现实要求的全景图片，除了在水平方向的经度要满足360°外，在垂直方向，也就是纬度，也要满足180°的要求。这样，当画面卷成圆筒模拟环境时才能使画面对应的物理空间视域达到全包围的程度，呈现出三维立体的空间感觉。

像这种能够正确地展开全物理视域的真实场景到一张2D图片上，并且能够还原到VR眼镜中实现沉浸式观看的数学过程，就叫作"全景投影"（Projection）。

全景投影可以分为实景虚拟和静态图像虚拟两种。

全景虚拟现实（也称实景虚拟）是基于全景图像的真实场景虚拟

现实技术，它通过计算机技术实现全方位互动式观看真实场景的还原展示。在播放插件（通常 Java 或 Quicktime、Activex、Flash）的支持下，使用鼠标控制环视的方向，可左、可右、可近、可远。使观众感到处在现场环境当中，好像在一个窗口浏览外面的大好风光（如图 2-8 所示）。

图 2-8　实景虚拟

而基于静态图像的虚拟全景技术是一种在微机平台上能够实现的初级虚拟现实技术。它具有开发成本低廉，但应用又很广泛的特点，因此越来越受到人们的关注。特别是随着网络技术的发展，其优越性更加突出。它改变了传统网络平台的特点，让人们在网上能够进行 360° 全景观察，而且通过交互操作，可以实现自由浏览，从而体验三维的虚拟现实视觉世界。

2.1.2　显示技术

要了解显示技术，我们先来看看物体是如何在人眼中成像的吧！

从初中的物理课本中我们知道，在光学中，由实际光线汇聚成的像，称为实像；如果光束是发散的，那么就是实际光线的反向延长线的交点

就叫作物体的"虚像"。分辨实像与虚像的区别便是所谓的"正立"和"倒立",即"相对于原像而言,实像都是倒立的,而虚像都是正立的"。平面镜、凸面镜和凹透镜所成的三种虚像都是正立的;而凹面镜和凸透镜所成的实像,以及小孔成像中所成的实像,无一例外都是倒立的。

而如图 2-9 所示,我们人眼的结构相当于一个凸透镜,外界的物体(如蜡烛)经过角膜和晶状体的聚焦后会在视网膜上形成一个倒立的实像,然后在视网膜上的感光细胞(圆锥和杆状细胞)受光的刺激后,经过一系列的物理化学变化,转换成神经冲动,由视神经传入大脑层的视觉中枢,最后我们就能看见物体了。经过大脑皮层的综合分析,产生视觉,人就看清了景物(正立的立体像)。对于正常人的眼睛,当物体远离眼睛时,晶状体会变薄,而当物体靠近眼睛时,晶状体会变厚,这样就可以对焦距进行调整,保证成像的清晰度了。

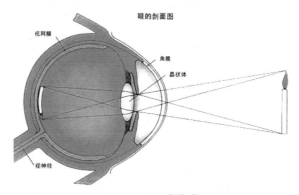

图 2-9 人眼成像图

而人看周围的世界时,由于两只眼睛的位置不同,得到的图像也会略有不同。说到这里,你可能会发现之前所说的 360° 全景内容似乎忽略了一点:把这些图片放在计算机或者网页端去观看没有任何问题,但是如果要将这样的内容输入到 VR 头盔显示器上,则看到的景象会产生偏差,立体感不足。为了将画面赋予立体感并呈现到人眼中,我们提供的内容必须采用左右眼水平分隔显示的模式(如图 2-10 所示)。

图 2-10　水平分隔显示

　　我们可以从图 2-10 中看到，左右两边分别截取了一部分视野，如图 2-11 所示，你会发现左右两眼所呈现的图片内容是有所偏移的，这是因为人的双眼是存在一定视角差的。例如，当你用一只手分别遮住自己的左、右眼，然后去看同一位置上的同一物体，你会发现你所看到的图像内容似乎有所偏移；而当左右两只眼睛的图像融合起来，再通过大脑的解算就可以得到立体的感受。景物距离人眼越近，这种视差就越明显，远处的景物则相对没有很强的立体感。

图 2-11　双眼各自所看到的图像

因此，利用人的双眼存在视觉差的这一特点，专家们制作出了可以体现图像立体感的显示器。例如，有的系统采用单个显示器，当用户带上特殊的眼镜后，一只眼睛只能看到奇数帧图像，另一只眼睛只能看到偶数帧图像，奇、偶帧之间的不同产生了立体感（我们平时见到的视频，实际上是一张张图片叠加出来的，奇数帧是第 1、3、5、7……张图片，偶数帧则是第 2、4、6、8……张图片）。

除了要有立体感以外，在虚拟现实中和通常图像显示不同的是虚拟现实要求显示的图像要能随观察者眼睛位置的变化而变化，并且能快速生成图像以获得实时感。因为只有这样，虚拟现实带来的真实感才会更强。例如，制作动画时不要求实时，为了保证质量，每幅画面生成需要多长时间不受限制。而虚拟现实则要求在用户转头或行走的同时能看到画面的转变，所以它生成画面的速度通常为 30 帧 / 秒。有了这样的图像生成能力，再配以适当的音响效果，即可使人有身临其境的感受。

2.1.3　人体工程学技术

人体工程学也叫人机工程学、人类工效学、人类工程学、工程心理学、研究宜人学等。它主要用于研究人在某种工作中，解剖学、生理学、心理学等方面的各种因素对工作的影响，研究人与机器及环境的相互作用，如何在工作中、生活中统一考虑工作效率、人的健康、安全和舒适等问题，即处理好"人 – 机 – 环境"的协调关系。人体工程学可以用来测量人使用计算机时的坐姿及计算机和椅子的摆放和设计等问题，使电脑桌与椅子能够较好地为人使用计算机提供舒适的环境，如图 2–12 所示。

我们现在所处的社会，几乎所有工作都会用到计算机，人们也逐渐意识到长期坐到电脑桌前对自己的身体会造成一定的影响，如患上颈椎病等，与此类似，过度地沉迷于 VR 眼镜也会对身体产生很多的负面影响，例如恶心、眩晕等，并且虚拟现实技术所带来的沉浸感也很容易影响到用户对现实环境的判断，在一些特殊的情况下会使用户失去平衡，甚至摔倒。

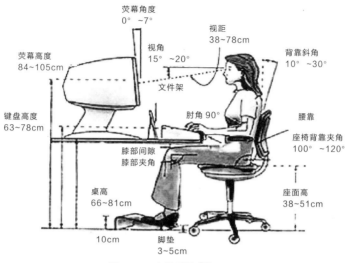

图 2-12　人使用计算机

　　因此在虚拟现实的交互设计中，虽然设计师不是在设计一个真实的物理界面，设计师的任务也有所差别。当设计师在创造某种手势或动作交互体系时，必须考虑如何说服用户来进行这些互动，同时也要考虑这些交互是否有带来危害或危险的可能性。此外，设计师也必须看到他们所设计的交互是否存在让人疲劳的因子，以及思考如何让这些交互能够在更加舒适的位置进行。基于以上这些，人体工程学便被运用到了虚拟现实中来。

　　喜爱玩游戏的男生们都知道，如果使用手柄玩游戏，键位更多、更紧凑，节奏感会更强，因此对于 VR 游戏来说，手柄的重要性不言而喻。Oculus Touch（如图 2-13 所示）可以称得上是 VR 游戏手柄中的标杆了。它在设计的过程中一直将人手作为重要因素之一，使手握Touch 的全程不会有一点不适感，而且也毫不妨碍你的身体做出一些创造性，却又符合自然的动作，你的手指会自然地落在对应的按键和操纵杆上，即使对新手来说，也会很容易上手，很容易明白如何使用这个设备。

图 2-13　Oculus Touch 手柄

虽然现在 PC 端头显依靠计算机强大的硬件性能可以达到很好的沉浸体验，但有线束缚是目前技术还无法解决的问题。而且价格方面，PC 端头显也不是一般消费者可承受的。另外像谷歌纸盒（即 Google Cardboard，谷歌于 2014 年推出的一款廉价的虚拟现实设备，外部结构用纸板制成，可以让 Android 手机变身虚拟现实设备，如图 2-14 所示）这类低端的头显又明显不能满足游戏和观影的需求。如何才能在节约成本的情况下精化 VR 设备呢？人体工程学给出了完美的答案。

图 2-14　谷歌纸盒

就在 2015 年，采用人机工程学贴合佩戴设计的首款一体机设备 Simlens 开始发售，如图 2-15 所示，虽然它从外观上看与一般 VR 眼镜设计是一样的，但它却是集计算能力、显示处理单元的能力、位置

追踪能力于一体的的完整的虚拟现实设备。并且贴合佩戴设计使眼部空间更大，产品具备 120°广角视角，色彩还原 99%，刷新率为 60Hz。用户在使用该设备时，可以不受时空限制进行无线操作。目前，用户能使用 Simlens 体验的游戏是独立开发的飞机游戏类 FPS 与飞机跑酷。

图 2-15　Simlens 眼镜

随着移动用户的增加，如何在移动终端吸引用户体验虚拟现实也引来了不少互联网巨头和创业公司的加入。其中，捷斯纳率先推出了旗下首款虚拟现实产品——FIT BOX，如图 2-16 所示。FIT BOX 是一款以手机为主的 VR 头盔，在设计上结合了人体工程学，在常规的头带基础上，重新设计位置，减轻了鼻梁和脸的负重，让用户体验更舒服。

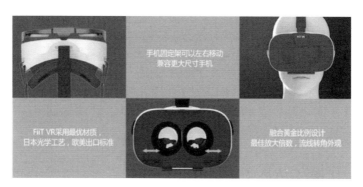

图 2-16　FIT BOX 眼镜

此外，虚拟现实技术与人体工程学设计相结合，还可以用到汽车

生产上来，如图2-17所示。福特让每辆车在发布前要做平均900个虚拟装配任务的研究，研究团队使用全身动作捕捉技术跟踪每个员工手臂、背部、腿和躯干的平衡和受力，3D打印技术用于确认间隙大小不同的手的握力点，再通过收集数据和使用计算机模型来预测装配工作中的身体碰撞。通过测量每名生产线上的工人，帮助识别运动可能会导致的过度疲劳、劳损或受伤，最后再用沉浸式虚拟现实技术提供额外的一次可行性评估。

图2-17　虚拟现实技术为汽车生产提供可行性评估

迄今为止，福特的生物工程学家在全球超过100辆新车上进行过相关测试，优化减少了90%的过度动作、难以解决的问题和难以安装部件的问题，并且减少了70%的工伤率。

2.1.4　体感交互技术

"体感"就是指人体的感知能力，"交互"即指互动。体感技术的运用在于人们可以很直接地使用肢体动作，而无须使用任何繁杂的控

制设备，便可以与周边的装置或环境互动。例如，在 2013 年，几乎所有的电视厂商都把体感技术作为一大卖点。如图 2-18 所示，当你站在一台电视前方，假使有某个体感设备可以侦测你手部的动作，此时若是我们将手部分别向上、向下、向左及向右挥，便可以控制电视节目的快转、倒转、暂停以及终止等功能，或者是将此 4 个动作直接对应于游戏角色的反应，如我们在电玩城经常可以见到的跳舞机等，便是体感游戏的典型代表。

图 2-18　体感电视

随着数字化体验时代的不断发展，体感交互作为一种自然的人机交互方式越来越受到人们的重视。与现实世界的交互不同的是，虚拟现实交互是虚拟的，它通过模拟一个与现实别无二致的场景，让用户可以通过设备（如 VR 头盔、VR 眼镜等）融入这个场景，运用体感交互通过多种技术手段把虚拟平台与现实平台相结合，让用户在这个场景里具备真实的视觉、听觉、嗅觉、知觉等感知能力。同时，场景的任何事物都能按照基本物理原则运行（即如果你用力捏场景中的纸杯，那么纸杯会根据你捏的力度和角度发生变形）。

体感交互技术的原理是：首先利用计算机图形学技术，把体感传感设备采集的深度信息转化为骨骼节点数据，再把这些数据导入到虚拟现实平台上，最终在这个平台上人们可以通过肢体动作实现与三维虚拟

世界的交互。

支持体感交互的 VR 设备能有效降低晕动症的发生概率，并大大增强沉浸感，其中最关键的就是可以让用户的身体与虚拟世界中的各种场景互动。在体感交互技术中又可以细分出各种类别及产品，例如体感座椅、体感服装、空间定位技术、动作捕捉技术等。

2016 年，美国厂商 Praevidi 展示了全新的 Turris 虚拟现实座椅，如图 2-19 所示，它是一款内置计算机方位追踪传感器的电动椅子，用户坐在上面便可以控制虚拟现实游戏中人物的动作，伴随着你坐在 Turris 之上的前俯后仰、左右摇摆，在虚拟世界中的人物角色，则会相应地向前后左右的移动。

图 2-19　体感座椅

来自苏格兰的一家叫作 Tesla Suit 的初创公司，正在研发一种一整套的覆盖全身的虚拟现实体感外套——Teslasuit 体感外套，如图 2-20 所示。意在将整个人体向虚拟世界的渗透，它可以模拟人真实的触觉体验，不仅能看到和听到虚拟世界中的画面、声音，还能逼真地触

摸到物品。它由一套全身设备组成，总控制中心是一条叫作 T-Belt 的腰带，搭载一颗四核 1GHz 处理器、1GB 内存和一块 10000mAh 电池，另外还包括诸如手套、背心、裤子等。穿戴上这套装备后，感受就会以电脉冲的形式经由神经系统传递到大脑，人即可感受到虚拟世界中风的流动，或爆炸的冲击等真实感受。为了能够像身体母语一样逼真感受到虚拟世界，这套 Teslasuit 装备将会由一种特殊的智能织物和外部感应环组成，衣物上面有非常多的小节点及温度感应器，所以可直接通过脉冲电流让皮肤产生相应的感觉，你还能够切身体会觉到虚拟环境的变化，而智能织物会做成像一套贴身衣物的装备，从而让人们进入到虚拟现实的系统中。

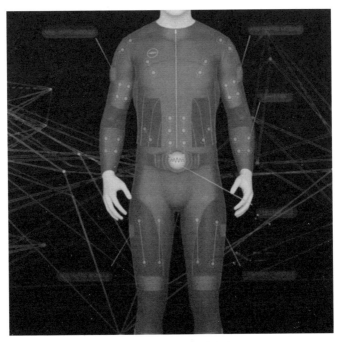

图 2-20　Teslasuit 体感外套

目前，在市场上常见的空间定位技术和动作捕捉技术共有 5 种，具体介绍如下。

1. 激光定位技术

激光定位技术的基本原理就是在空间内安装数个可发射激光的装置，对空间发射横、竖两个方向扫射的激光，被定位的物体上放置了多个激光感应接收器，通过计算两束光线到达定位物体的角度差，从而得到物体的三维坐标，物体在移动时三维坐标也会跟着变化，便得到了动作信息，完成动作的捕捉。

代表：HTC Vive-Lighthouse 定位技术，如图 2-21 所示。

图 2-21　HTC Vive-Lighthouse 定位技术

HTC Vive 的 Lighthouse 定位技术就是靠激光和光敏传感器来确定运动物体的位置的，通过在空间对角线上安装两个大概 2 米高的"灯塔"，灯塔每秒能发出 6 次激光束，内有两个扫描模块，分别在水平和垂直方向轮流对空间发射扫描激光。

HTC Vive 的头显和两个手柄上安装有多达 70 个光敏传感器，其通过计算接收激光的时间来得到传感器位置相对于激光发射器的准确位置，利用头显和手柄上不同位置的多个光敏传感器从而得出头显和手柄的位置及方向。

■ 优点

激光定位技术的优势在于，相对其他定位技术来说其成本较低，定位精度高，不会因为遮挡而无法定位，宽容度高，也避免了复杂的程序运算，所以反应速度极快，几乎无延迟，同时可支持多个目标定位，可移动范围广。

■ 缺点

其不足之处是，利用机械方式来控制激光扫描，稳定性和耐用性较差，例如在使用 HTC Vive 时，如果灯塔抖动严重，可能会导致无法定位，随着使用时间的加长，机械结构磨损也会导致定位失灵等故障。

2. 红外光学定位技术

这种技术的基本原理是通过在空间内安装多个红外发射摄像头，从而对整个空间进行覆盖拍摄，被定位的物体表面则安装了红外反光点，摄像头发出的红外光再经反光点反射，随后捕捉到这些经反射的红外光，配合多个摄像头工作再通过后续程序计算后，便能得到被定位物体的空间坐标，如图 2-22 所示。

图 2-22　红外光学定位技术

代表：Oculus Rift 主动式红外光学定位技术 + 九轴定位系统，如图 2-23 所示。

图 2-23　Oculus Rift 主动式红外光学定位技术 + 九轴定位系统

与上述描述的红外光学定位技术不同的是，Oculus Rift 采用的是主动式红外光学定位技术，其头显和手柄上放置的并非红外反光点，而是可以发出红外光的"红外灯"。然后利用两台摄像机进行拍摄，需要注意的是，这两台摄像机加装了红外光滤波片，所以摄像机能捕捉到的仅有头显和手柄上发出的红外光，随后再利用程序计算得到头显和手柄的空间坐标。

相比红外光学定位技术利用摄像头发出的红外光再经由被追踪物体的反射获取红外光，Oculus Rift 的主动式红外光学定位技术，如图 2-24 所示，则直接在被追踪物体上安装红外发射器发出的红外光被摄像头获取。

另外 Oculus Rift 上还内置了九轴传感器，其作用是当红外光学定位发生遮挡或者模糊时，能利用九轴传感器来计算设备的空间位置信息，从而获得更高精度的定位信息。

图 2-24　Oculus Rift 的主动式红外光学定位技术

■ 优点

标准的红外光学定位技术同样有着非常高的定位精度，而且延迟率也很低，不足的是这全套设备加起来成本非常高，而且使用起来很麻烦，需要在空间内搭建非常多的摄像机，所以该技术目前一般为商业使用。

而 Oculus Rift 的主动式红外光学定位技术 + 九轴定位系统则大大降低了红外光学定位技术的复杂程度，其不用在摄像头上安装红外发射器，也不用散布太多的摄像头（只有两个），使用起来很方便，同时相对 HTC Vive 的灯塔也有着很长的使用寿命。

■ 缺点

其不足在于，由于摄像头的视角有限，Oculus Rift 不能在太大的活动范围使用，可交互的面积大概为 1.5 米 ×1.5 米，此外也不支持太多物体的定位。

3. 可见光定位技术

可见光定位技术的原理和红外光学定位技术相似，同样采用摄像

头捕捉被追踪物体的位置信息，只是其不再利用红外光，而是直接利用可见光，在不同的被追踪物体上安装能发出不同颜色的发光灯，摄像头捕捉到这些颜色光点后，从而区分不同的被追踪物体及位置信息，如图2-25所示。

图 2-25　可见光定位技术

代表：PS VR，如图 2-26 所示。

图 2-26　索尼的 PS VR

索尼的 PS VR 采用的便是上述这种技术，很多人以为 PS VR 头显上发出的蓝光只是装饰用，实际是用于被摄像头获取，从而计算位置信息，而两个体感手柄则分别带有可发出天蓝色和粉红色光的灯，之后利用双目摄像头获取到这些灯光信息后，便能计算出光球的空间坐标。

■ 优点

相比前面两种技术，可见光定位技术的造价成本最低，而且无须后续复杂的算法，技术实现难度不大，这也就是为什么 PS VR 能卖得这么便宜的其中一个原因，而且灵敏度很高，稳定性和耐用性强，是最容易普及的一种方案。

■ 缺点

其不足之处是，这种技术定位精度相对较差，抗遮挡性差，如果灯光被遮挡则位置信息无法确认。而且对环境也有一定的使用限制，假如周围光线太强，灯光被削弱，可能无法定位，如果使用空间有相同色光则可能导致定位错乱。同时也由于摄像头视角原因，可移动范围小，灯光数量有限，可追踪目标不多。

4. 计算机视觉动作捕捉技术

这项技术基于计算机视觉原理，其由多个高速相机从不同角度对运动目标进行拍摄，当目标的运动轨迹被多台摄像机获取后，通过后续程序的运算，便能在计算机中得到目标的轨迹信息，也就完成了动作的捕捉，如图 2-27 所示。

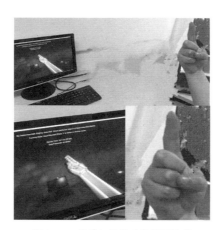

图 2-27 计算机视觉动作捕捉技术

代表：Leap Motion 手势识别技术，如图 2-28 所示。

图 2-28　Leap Motion 手势识别

Leap Motion 在虚拟现实应用中的手势识别技术便利用了上述的技术原理，其在 VR 头显前部安装两个摄像头，利用双目立体视觉成像原理，通过两个摄像机来提取包括三维位置在内的信息，并进行手势的动作捕捉和识别，建立手部立体模型和运动轨迹，从而实现手部的体感交互。

■ 优点

采用这种技术的好处是，可以利用少量的摄像机对监测区域的多个目标进行动作捕捉，大物体定位精度高，同时被监测对象不需要穿戴和拿取任何定位设备，约束性小，更接近真实的体感交互体验。

■ 缺点

其不足之处在于，这种技术需要庞大的程序计算量，对硬件设备有一定的配置要求，同时受外界环境影响大，例如环境光线昏暗、背景杂乱、有遮挡物等都无法很好地完成动作捕捉。此外捕捉的动作如果不

是合理的摄像机视角，以及程序处理影响等，对于比较精细的动作可能无法准确捕捉。

5. 基于惯性传感器的动作捕捉技术

采用这种技术，被追踪的目标需要在重要节点上佩戴集成加速度计、陀螺仪和磁力计等惯性传感器设备，这是一整套的动作捕捉系统，需要多个元器件协同工作，其由惯性器件和数据处理单元组成，数据处理单元利用惯性器件采集到的运动学信息，当目标在运动时，这些元器件的位置信息被改变，从而得到目标运动的轨迹，之后再通过惯性导航原理完成运动目标的动作捕捉，如图 2-29 所示。

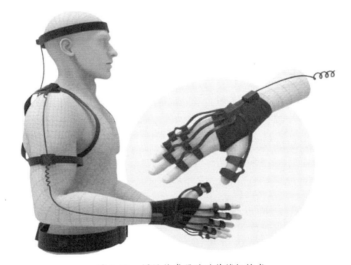

图 2-29 惯性传感器的动作捕捉技术

代表：诺亦腾 -Perception Neuron，如图 2-30 所示。

Perception Neuron 是一套灵活的动作捕捉系统，使用者需要将这套设备穿戴在身体的相关部位上，例如手部捕捉需要戴一个"手套"。其子节点模块体积比硬币还小，却集成了加速度计、陀螺仪以及磁力计的惯性测量传感器，之后便可以完成单臂、全身、手指等精巧动作及大

动态的奔跑、跳跃等动作的捕捉，可以说其是上述的动作捕捉技术中可捕捉信息量最大的一个，而且可以无线传输数据。

图 2-30　诺亦腾 -Perception Neuron

■ 优点

相比以上的动作捕捉技术，基于惯性传感器的动作捕捉技术受外界的影响小，不用在使用空间上安装"灯塔"、摄像头等杂乱部件，而且可获取的动作信息量大、灵敏度高、动态性能好、可移动范围广，体感交互也完全接近真实的交互体验。

■ 缺点

比较不足的是，需要将这套设备穿戴在身体，可能会造成一定的累赘，同时由于传感器的工作会散发一定的热量。

2.2　虚拟现实的发展历史

说到虚拟现实的发展历史，它最早可以追溯到公元前 427 年的古希腊时代，当时的哲学家柏拉图在提出"理念论"时，讲了一个著名的

"洞穴之喻"："设想在一个地穴中有一批囚徒，他们自小待在那里，被锁链束缚，不能转头，只能看面前洞壁上的影子。在他们后上方有一堆火，有一条横贯洞穴的小道，沿小道筑有一堵矮墙，如同木偶戏的屏风。人们扛着各种器具走过墙后的小道，而火光则把透出墙的器具投影到囚徒面前的洞壁上。囚徒自然地认为影子是唯一真实的事物。如果他们中的一个碰巧获释，转过头来看到了火光与物体，他最初会感到困惑，他的眼睛会感到痛苦，他甚至会认为影子比它们的原物更真实。"如图2-31所示。

图 2-31　洞穴之喻

这是目前业内认为关于虚拟现实最早的模糊性描述。但虚拟现实毕竟是一门技术，真正谈它的历史还要从 20 世纪初开始，大体上可以分为四个阶段：1963 年以前，有声、形、动态的模拟是蕴涵虚拟现实思想的第一阶段；1963 ～ 1972 年，虚拟现实技术的萌芽为第二阶段；1973 ～ 1989 年，虚拟现实概念的产生和理论初步形成为第三阶段；1990 年至今，虚拟现实理论进一步完善和应用为第四阶段。

2.2.1　第一阶段：虚拟现实技术的模糊幻想阶段

关于"虚拟现实"这个词的起源，目前最早可以追溯到 1938 年的法国剧作家的知名著作《戏剧及其重影》，在这本书里阿尔托将剧院描述为"虚拟现实（La réalité virtuelle）"。到了 1973 年，Myron Krurger 开始提出 Virtual Reality 的概念。但《牛津词典》列举的

最早使用是在 1987 年的一篇题为《Virtual Reality》的文章（与今天的虚拟现实并没有太大关系）。上面这些都有待考证，目前公认的现在所说的"虚拟现实（Virtual Reality）"是由美国 VPL 公司创始人拉尼尔（Jaron Lanier）在 20 世纪 80 年代提出的，也叫"灵境技术"或"人工环境"。

在 1962 年之前，"虚拟现实"还是以模糊幻想的形式见诸于各大文学作品中的。其中最为著名的是英国著名作家阿道司·赫胥黎（Aldous Leonard Huxley）在 1932 年推出的长篇小说《美丽新世界》（如图 2-32 所示），这本以 26 世纪为背景，描写了机械文明的未来社会中人们的生活场景的书，书中提到"头戴式设备可以为观众提供图像、气味、声音等一系列的感官体验，以便让观众能够更好地沉浸在电影的世界中"。三年之后的 1935 年，美国著名科幻小说家斯坦利·威因鲍姆发表了小说《皮格马利翁的眼镜》，书中提到一个叫阿尔伯特·路德维奇的精灵族教授发明了一副眼镜，戴上这副眼镜后，就能进入电影当中，"看到、听到、尝到、闻到和触到各种东西。你就在故事当中，能与故事中的人物交流。你就是这个故事的主角"。这两篇小说是目前公认的对"沉浸式体验"的最初描写，书中提到的设备预言了今天的 VR 头盔。

图 2-32 《美丽新世界》

虽然在书中并没有关于这款设备的具体称呼，但以今天的视角来看这显然是一款虚拟现实设备，如果将 1932 年设定为幻想的原点，那这意味着虚拟现实从幻想走入大众市场花了 84 年，足足四代人的时间，而书中所描绘的这款头戴式设备的原型图，如图 2-33 所示，直到 23 年后的 1955 年才由摄影师莫顿·海利希设计出来。

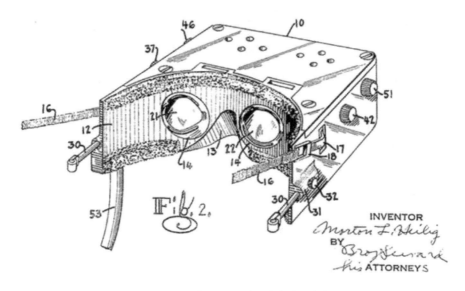

图 2-33　莫顿·海利希设计出的原型图

2.2.2　第二阶段：虚拟现实技术的萌芽

有资料显示，1956 年，具有多感官体验的立体电影系统 Sensorama 就已经被开发。但目前的多方面资料认为，莫顿·海利希最早于 1960 年获得了名为 Telesphere Mask 的专利，这个专利图片看起来跟今天的 VR 头显差不多。到了 1967 年，莫顿·海利希又构造了一个多感知仿环境的虚拟现实系统，这套被称为 Sensorama Simulator 的系统可能是历史上第一套 VR 系统，如图 2-34 所示。从莫顿·海利希开始，虚拟现实继续在文学领域发酵，同时也有科学家开始介入研究。

图 2-34　Sensorama Simulator 系统

　　1963 年，未来学家雨果·根斯巴克在《Life》杂志的一篇文章中探讨了他的发明——Teleyeglasses，据说这是他在 30 年以前所构思的一款头戴式的电视收看设备。使 VR 设备有了更加具体的名字：Teleyeglasses。这个再造词的意思是这款设备由电视＋眼睛＋眼镜组成，如图 2-35 所示。离今天所说的虚拟现实技术差别还有点大，但已经埋下了这个领域的种子。到了 1965 年，美国科学家伊凡·苏泽兰提出感觉真实、交互真实的人机协作新理论，不久之后，美国空军开始用虚拟现实技术来做飞行模拟。

图 2-35　Teleyeglasses

随后为了实践自己的理论，伊凡·苏泽兰在 1968 年研发出视觉沉浸的头盔式立体显示器和头部位置跟踪系统，同时在第二年开发了一款终极显示器，该立体视觉系统被称为"达摩克利斯之剑"，如图 2-36 所示。从资料图来看，"达摩克利斯之剑"跟今天的 VR 设备很像，但受制于当时的大环境，这个东西跟前面两位的发明一样都分量十足，要连接的外部配件特别多。伊凡·苏泽兰的论文和一个简单的虚拟世界是具有初始意义的虚拟现实技术，也正是虚拟现实技术的萌芽。由于在图形方面的显示和交互，因此人们称他为"图形学之父"。

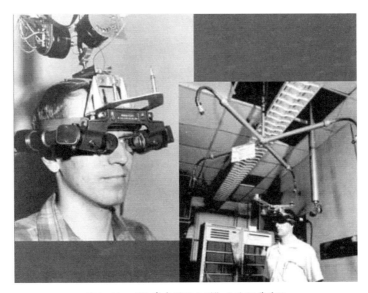

图 2-36　"达摩克利斯之剑"立体视觉系统

此阶段也是虚拟现实技术的探索阶段，为虚拟现实技术的基本思想产生和理论发展奠定了基础。经过这几个人的努力，虚拟现实技术终于从科幻小说中走出来，面向现实，并开始出现了实物的雏形。

2.2.3　第三阶段：虚拟现实概念和理论的初步形成

在 1973 年，Myron Krurger 提出 Virtual Reality 概念后，对

于这一块的关注开始逐渐增多。关于虚拟现实的幻想从小说延伸到电影。1981 年科幻小说家弗诺·文奇（Vernor Steffen Vinge）的中篇小说《真名实姓》和 1984 年威廉·吉布森出版的重要科幻小说《神经漫游者》（如图 2-37 所示）都有关于虚拟现实的描述。而在 1982 年，由史蒂文·利斯伯吉尔执导，杰夫·布里奇斯等人主演的一部剧情片《电子世界争霸战》（Tron）上映，该电影将虚拟现实第一次带给了大众，对后来的类似题材影响深远。

图 2-37　《神经漫游者》

在整个 20 世纪 80 年代，美国科技圈开始掀起一股虚拟现实热，虚拟现实甚至出现在了《科学美国人》和《国家寻问者》杂志的封面上。1983 年，美国国防部高级研究计划署（DARPA）与陆军共同制订了仿真组网（SIMNET）计划，开始研究外层空间环境。1984年，NASA Ames 研究中心虚拟行星探测实验室的 M.Mc Greevy 和 J.Humphries 博士开发了虚拟环境视觉显示器用于火星探测，将探测器发回地面的数据输入计算机，构造了火星表面的三维虚拟环境，这款为 NASA 服务的虚拟现实设备叫 VIVEDVR，如图 2-38 所示，能在训练的时候帮助宇航员增强太空工作的临场感。之后 NASA 又投入了资金对虚拟现实技术进行研究和开发，像非接触式的跟踪器。1985 年以后（1989 年），由于 Fisher 的加盟，在 Jaron Lanier 的接口程序基础上做了进一步的研究。随后在虚拟交互环境工作站（VIEW）项目

中，他们又开发了通用多传感个人仿真器等设备。

图 2-38　VIVEDVR

1986 年，"虚拟工作台"这个概念也被提出，裸视 3D 立体显示器开始被研发出来。1987 年，任天堂游戏公司推出了 Famicom 3D System 眼镜，使用主动式快门技术，透过转接器连接任天堂电视游戏机使用，只要比其最知名的 Virtual Boy 早了近十年。

但在 20 世纪 80 年代最为著名的，莫过于 VPL Research。这家虚拟现实公司由虚拟现实先行者杰伦·拉尼尔在 1984 年创办，随后推出一系列虚拟现实产品，包括 VR 手套 Data Glove、VR 头显 Eye Phone、环绕音响系统 Audio Sphere、3D 引擎 Issac、VR 操作系统 Body Electric 等。并再次提出 Virtual Reality 这个词，得到了大家的正式认可和使用。尽管这些产品价格昂贵，但杰伦·拉尼尔的 VPL Research 公司是第一家将虚拟现实设备推向民用市场的公司，因此他被称为"虚拟现实之父"并载入了史册。

2.2.4　第四阶段：虚拟现实理论的完善和全面应用

到了 20 世纪 90 年代，虚拟现实热开启第一波的全球性蔓延。1992 年，随着虚拟现实电影《剪草人》的上映，虚拟现实在当时的大众市场引发了一个小高潮，并直接促进街机游戏《VR》的短暂繁荣。美国著名的科幻小说家尼尔·斯蒂芬森的虚拟现实小说《雪崩》也在这一年出版，掀起了 20 世纪 90 年代的虚拟现实文化的小浪潮。从 1992

年到 2002 年，前后至少有 6 部电影说到虚拟现实或者干脆就是一部虚拟现实电影。而最为著名的莫过于 1999 年上映的《黑客帝国》（如图 2-39 所示），被称为最全面呈现虚拟现实场景的电影，它展示了一个全新的世界，异常震撼的超人表现和逼真的世界一直是虚拟现实行业梦寐以求的场景。

图 2-39　《黑客帝国》电影海报

除了电影的大热，在这段时间不少科技公司也在大力布局虚拟现实技术。1992 年，Sense8 公司开发 WTK 软件开发包，极大缩短虚拟现实系统的开发周期；1993 年，波音公司使用虚拟现实技术设计出波音 777 飞机，同年，世嘉公司推出了 SEGA VR，1994 年 3 月在日内瓦召开的第一届 WWW 大会上，首次正式提出了 VRML 这个名词。虚拟现实建模语言、建模语言出现，为图形数据的网络传输和交互奠定基础。1995 年，任天堂推出了当时最知名的游戏外设之一 Virtual Boy，但这款革命性的产品，由于太过于前卫得不到市场的认可。美国的 Jesse Eichenlaub 于 1986 年提出开发一个全新的三维可视系统，其目标是使观察者不要那些立体眼镜、头跟踪系统、头盔等笨重的辅助设备也能达到同样的 VR 世界效果。经过十年，2D/3D 转换立体显示器（DTI 3D display）问世，用肉眼直接从虚拟窗口看到的小轿车好像从屏幕中开了出来（如图 2-40 所示）。1998 年，索尼也推出了一款类虚拟现实设备，听起来很炫酷，但其改进的空间还很大。

图 2-40　Elsa Ecomo4D 虚拟窗口

　　为了使虚拟现实技术得到广泛的应用，三屏立体显示（如图 2-41 所示）问世，它使虚拟现实技术有了更广泛的应用。由于 HMD（头戴式可视设备）存在的一些缺点，一种多投影面沉浸式虚拟环境 CAVE 于 1992 年由 Defanti、Sandin 和 Cruz-Neira 等人提出，该技术由投影系统、用户交互系统、图形与计算系统组成。后来日本、德国相继进行了研究，该系统由 4 面发展到 6 面。

图 2-41　三屏立体显示

　　在 21 世纪的第一个十年里，手机和智能手机迎来爆发，虚拟现实仿佛被人遗忘。尽管在市场尝试上不太乐观，但人们从未停止在虚拟现实领域的研究和开拓。索尼在这段时间推出了 3kg 重的头盔，Sensics 公司也推出了高分辨率、超宽视野的显示设备 piSight（如图 2-42 所示），还有其他公司也在连续推出各类产品。由于虚拟现实技术在科技圈已经充分扩展，科学界与学术界对其越来越重视，虚拟现实技术在医疗、飞行、制造和军事领域开始得到深入的应用研究。

图 2-42　piSight

　　2006 年，美国国防部就花了 2000 多万美元建立了一套虚拟世界的《城市决策》培训计划，专门让相关工作人员进行模拟，一方面提高大家应对城市危机的能力，另一方面测试技术的水平。两年后的 2008 年，美国南加州大学的临床心理学家利用虚拟现实治疗创伤后应激障碍，通过开发一款《虚拟伊拉克》的治疗游戏（如图 2-43 所示），帮助那些从伊拉克回来的军人患者。这些例子都在证明，虚拟现实技术已经开始渗透到各个领域，并生根发芽。

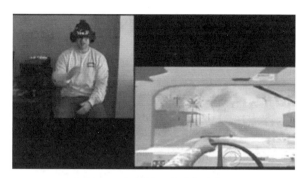

图 2-43 《虚拟伊拉克》游戏

2012 年 8 月，19 岁的帕尔默·拉奇把 Oculus Rift（如图 2-44 所示）摆上了众筹平台 Kickstarter 的货架，短短的一个月左右就获得了 9522 名消费者的支持，收获 243 万美元的众筹资金，使公司能够顺利进入开发、生产阶段。两年之后的 2014 年，Oculus 被互联网巨头 Facebook 以 20 亿美元收购，该事件强烈刺激了科技圈和资本市场，沉寂了那么多年的虚拟现实技术，终于迎来了爆发。

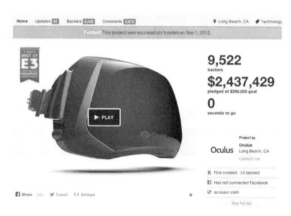

图 2-44 Oculus Rift

在 2014 年，各大公司纷纷开始推出自己的 VR 产品，谷歌放出了廉价易用的 Cardboard（如图 2-45 所示），三星推出了 Gear VR 等，消费级的 VR 设备开始大量涌现。科技记者柏蓉的一篇文章写到："得

益于智能手机在近几年的高速发展，VR设备所需的传感器、液晶屏等零件价格降低，解决了量产和成本的问题。"短短几年，全球的虚拟现实创业者迅速暴增，按照曾经是媒体人的焰火工坊CEO娄池的说法，2014年虚拟现实硬件企业就有200多家。

图2-45　Cardboard

在国内，虚拟现实技术虽然在硬件圈一直很火，但在2015年之前，都还没有进入主流话题，以导致这段时间很多南方的硬件公司融不到钱倒闭了一大半。直到2015年年末，一份高盛的预测报告刷爆了互联网从业者的朋友圈。主流科技媒体再次把虚拟现实技术扶到了元年的位置上，虚拟现实正式成为"风口"，由此拉开了轰轰烈烈的虚拟现实创业淘金运动。

在这一阶段虚拟现实技术从研究阶段转向为应用阶段，逐步开始广泛运用到了科研、航空、医学、军事等人类生活的各个领域中。

2.3　虚拟现实的下一篇章

2016年被很多人认为是虚拟现实元年，而也有部分人认为虚拟现实才刚刚掀起它的热潮。不可否认，就近期来看，虚拟现实技术确实掀

起了一波热潮。但是虚拟现实也存在着很多局限性，如对设备的屏幕分辨率要求较高，好的设备价格相应地也比较高，无法实现平民化等。随着虚拟现实技术的发展，VR 将成为过渡品，存在的主要意义是为立体内容、新型交互打基础，并通过市场预热拉动技术提升。未来将在 VR（虚拟现实）的基础上，发展起 AR（增强现实）及 MR（介导现实）这两项技术，从而更好地改变我们的生活。

2.3.1　AR

AR（Augmented Reality，增强现实，如图 2-46 所示）是 1990 年提出的概念，作为虚拟现实技术的进一步拓展，又被称为"混合现实""扩增现实"或"增强型虚拟现实"（Augmented Virtual Reality），它是一种将真实世界信息和虚拟世界信息"无缝"集成的新技术，是把原本在现实世界的一定时间空间范围内很难体验到的实体信息（视觉信息、声音、味道、触觉等），通过计算机等科学技术，模拟仿真后再叠加，将虚拟的信息应用到真实世界，使真实的环境和虚拟的物体在同一个画面或空间同时存在，被人类感官所感知，从感官和体验效果上给用户呈现出虚拟对象（Virtual Object）与真实环境融为一体的增强现实环境。

图 2-46　增强现实

1.AR 系统的特点

总体来说，相较于 VR，AR 系统具有以下三个突出的特点。

■ 真实世界和虚拟的信息集成

真实世界和虚拟的信息集成，即在现实的基础上利用技术将这个我们肉眼看得到的、耳朵听得见的、皮肤感知得到的、身处的这个世界增添一层相关的、额外的虚拟内容。如在 2014 年，宜家出现了一组目录，在这个目录中，你可以下载一个宜家的产品目录 APP，然后把它调到 AR 模式，即可通过扫描图册上的宜家商标将家具直接投影到你家的客厅内，如图 2-47 所示。而且这个 APP 的最大亮点在于，它可以根据周围的家具尺寸自动调整大小，例如在桌子旁边放上一把椅子，那么虚拟的桌子就会自动调整到适合的尺寸，帮助你进行判断。

图 2-47　宜家的 AR 投影

■ 具有实时交互性

AR 在交互性上甚至超过了 VR。VR 设备在使用时会遮挡用户的视线，使用户只能在某些特定的场所使用 VR；而 AR 则不然，用户在使用 AR 产品时，依然可以与外界环境保持互动。它不仅能反馈给使用者，还能融入使用者周围的环境。尽管从技术上来说 AR 是包含 VR 的扩展集，但它对真实感知要求的起点却是比 VR 低。例如，一个车载的抬头数字显示器为了准确显现出夜晚行人的轮廓，并不需要对光线照射

的精确仿真，只需要予以高亮提示即可，这大大拓展了 AR 产品的使用范围。

2015 年在东风雪铁龙新车上市的发布会上，开来帝森作为其专业的新媒体服务商，为其量身定制手机陀螺仪重力感应趣味互动游戏及 AR 增加现实互动（如图 2-48 所示），只需将手持平板电脑的摄像头对准车型图片，一辆活灵活现的汽车马上出现在你的眼前，你可以通过点击"打开 / 关闭车门 / 车窗 / 天窗"按钮，进行内部查看，你也可以通过 360° 自由旋转查看汽车尾部、底部、前盖板、轮胎等的情况，在了解车型的同时也给你带来了极大的体验乐趣。

图 2-48　东风雪铁龙新车的 AR 互动

■ 在三维尺度空间中增添定位虚拟物体

一个 AR 系统需要由显示技术、跟踪和定位技术、界面和可视化技术、标定技术构成。跟踪和定位技术与标定技术共同完成对位置与方位的检测，并将数据报告给 AR 系统，实现被跟踪对象在真实世界里的坐标与虚拟世界中的坐标统一，达到让虚拟物体与用户环境无缝结合的目标。为了生成准确定位数据，AR 系统需要进行大量的标定工作，测量值包括摄像机参数、视域范围、传感器的偏移、对象定位以及变形等。

例如在东京的 Sunshine 水族馆的代理公司博报堂，为了吸引路

人关注 Sunshine 水族馆而开发了一款结合 AR 增强现实技术 +GPS 位置定位技术的 APP，用户在东京的任何地点打开 APP，就会有水族馆可爱的企鹅为用户导航，指引用户到水族馆参观，让无聊的地图导航变成有趣、可爱，如图 2-49 所示。

图 2-49　结合 AR 增强现实技术 +GPS 位置定位技术的 APP

如果说 VR 等于虚拟世界，那么 AR 则等于真实世界 + 数字化信息。简单来说，虚拟现实（VR）看到的场景和人物全是假的，是把你的意识代入一个虚拟的世界；而在增强现实（AR）中，用户看到的场景和人物则是半真半假的，是把虚拟的信息带入到现实世界中。

2.AR 与 VR 的主要区别

AR 与 VR 的区别主要体现在交互区别和技术区别这两个方面。

■ 交互区别

因为 VR 是纯虚拟场景，所以 VR 装备更多的是用于用户与虚拟场景的互动交互，更多的使用是：位置跟踪器、数据手套（5DT 之类的）、动作捕捉系统、数据头盔等；而由于 AR 是现实场景和虚拟场景的结合，如图 2-50 所示，所以 AR 设备基本都需要摄像头，在摄像头拍摄的画面基础上，结合虚拟画面进行展示和互动，例如 GOOGLE GLASS（其

实严格来说，iPad、手机等这些带摄像头的智能产品都可以用于 AR，只要安装 AR 的软件就可以了）。

图 2-50　AR 是现实场景和虚拟场景的结合

■ 技术区别

类似于游戏制作，VR 创作出一个虚拟场景供人体验，其核心是图形的各项技术的发挥。我们接触最多的就是应用在游戏上的虚拟现实技术，可以说是传统游戏娱乐设备的一个升级版，主要关注虚拟场景是否有良好的体验。而与真实场景是否相关他们并不关心。VR 设备往往是浸入式的，典型的设备就是头戴显示器。

AR 应用了很多计算机视觉技术，AR 设备强调复原人类的视觉功能，例如自动去识别跟踪物体，而不是让用户手动去指出；自主跟踪并且对周围真实场景进行 3D 建模，而不是使用建模软件照着场景做一个极为相似的模型。典型的 AR 设备就是普通手机，升级版如 Google Project Tango，如图 2-51 所示。

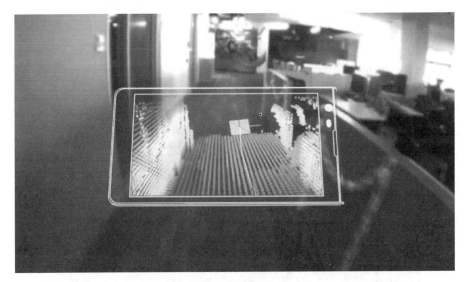

图 2-51　Google Project Tango

　　此外，由于动画渲染技术可以把人类的一切想象展现出来，所以在应用方向上 VR 更趋于虚幻和感性，更容易应用于娱乐方向（为了更好地达到这个目的，VR 强调存在感或称临场感）；而基于光学 +3D 重构的 AR 技术主要是对真实世界的重现，所以 AR 更趋于现实和理性，更容易应用于比较严肃的方向，例如工作和培训（为了更好地达到这个目的，AR 强调真实与虚拟的融合），两者的对比如图 2-52 所示。不过这并不意味着 VR 不适用于培训。事实上，VR 能够给培训带来更多元素，例如对天灾人祸、重大事故的模拟；而 AR 更多应用于常规培训。谷歌眼镜曾经试图给现实场景叠加火灾效果，但这显然不能让用户认真对待，而戴上 VR 头盔后则更容易让用户进入角色。

图 2-52　VR 与 AR 在应用方向上的区别

事实上，VR 与 AR 在本质上是相通的，都是通过计算机技术构建三维场景并借助特定设备让用户感知，并支持交互操作的一种体验。如果要赋予统一的定义，可以这样来描述：通过计算机技术构建三维场景并借助特定设备让用户感知，并支持交互操作的一种体验，但传统 AR 技术运用棱镜光学原理折射现实影像，视角不如 VR 视角大，清晰度也会受到影响。

从定义语中我们也可以看到，VR 与 AR 的共性至少有两点，即 3D 与交互。缺乏其中任何一点就不能称为真正的 VR 或 AR。这也是为何部分学者把 VR、AR 视为一体的原因。

绝大多数人以为 AR 利用光学来重现场景很简单，但事实上一项效果不错的 AR 是一件很复杂的工作，需要计算机重建场景、识别场景信息，并在合适的位置表达出预先设定的虚拟元素，如图 2-53 所示。如果还要支持交互，那么对运算量和运算结果还有更高的要求。如果 AR 要达到完全沉浸的效果，其运算量更加庞大，仅仅依靠移动端性能远远无法满足，所以现阶段只能减少支持的场景大小——这也是诸如谷歌眼镜乃至微软 HoloLens（MR）设备视场角小的主要原因。

图 2-53　AR 视角

很多汽车在其车载系统中加入了 AR 应用，例如，GMC 在其挡风玻璃上投射虚拟图像，如图 2-54 所示。用意是让驾驶者不需要低头查看仪表的显示与资料，始终保持抬头的姿态，降低低头与抬头期间忽略外界环境的快速变化，以及眼睛焦距需要不断调整产生的延迟与不适；或者帮助驾驶者更好地感知路况信息，提高驾驶安全性。

图 2-54　GMC 汽车在其挡风玻璃上投射虚拟图像

实际智能手机中有很多 APP 都属于 AR，但是人们往往不会上纲上线地把它们称为 AR。另外近期被 Facebook 收购的 MSQRD APP，还有 LINE Camera 等 APP，以及一些 LBS APP，也都使用了 AR 技术。当你打开 APP，把手机摄像头对着某幢大厦，手机屏幕上便会浮现这个大厦的相关信息，例如名称、楼层等。再如前段时间比较火的 FaceU，也算是简单的 AR 应用，它实时地捕捉用户的头像，并把类似帽子、彩虹、兔子耳朵等这些虚拟信息叠加于用户的头部，如图 2-55 所示。

图 2-55 FaceU 所拍的照片

现在比较为人熟知的手机 AR 产品，仅仅能够实现简单的 AR 效果，无法实现交互，所以严格意义上还不能叫作 AR。

2.3.2 MR

MR 即介导现实（Mediated Reality），与 VR、AR 同属于现实增强技术，是由"智能硬件之父"多伦多大学教授史帝夫·曼提出的新概念，它包括了增强现实和增强虚拟，指的是合并现实和虚拟世界而产生的新的可视化环境，即数字化现实 + 虚拟数字画面。

可以说，MR 是站在 VR 和 AR 两者的肩膀上发展出来的混合技术形式，相当取巧，是一种既继承了两者的优点，同时也摒除了两者大部分缺点的新兴技术，MR 与 AR、VR 两者的融合主要体现在渲染和光学 +3D 重构上，而它们唯一的共同点便是都具有实时交互性。即 MR=VR+AR= 真实世界 + 虚拟世界 + 数字化信息，如图 2-56 所示。

图 2-56 VR、AR 与 MR 的区别与联系

你可以戴着 MR 设备进行摩托车设计，现实世界中可能真的有一些组件在那里，也可能没有；也可以戴着 MR 设备在客厅玩游戏，客厅就是你游戏的地图，同时又有一些虚拟的元素融入进来。总之，MR 设备给到你的是一个混沌的世界：如数字模拟技术（显示、声音、触觉）等，你根本感受不到二者差异。正是因为这些介导现实技术才更有想象空间。

MR 除了可以表示介导现实（Mediated Reality）外，还可以用来表示混合现实（Mixed Reality），但是两者在技术方面和应用方面都有一定的区别：在技术实现上，混合现实一般采用光学透视技术，在人的眼球上叠加虚拟图像；在应用范围上来看，混合现实是介导现实的一个子集，介导现实有着更为广泛的应用领域，如图 2-57 所示的虚线部分为混合现实，MR 为介导现实。

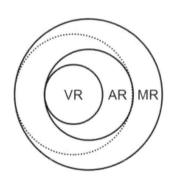

图 2-57 VR、AR 和 MR 的关联

在设备方面，微软公司于 2015 年开发出的一种 MR 头显 HoloLens 和 Magic Leap 公司正在研发的产品，都可以称得上是 MR 设备中的代表。HoloLens 是微软公司 2015 年开发的一种 MR 头显，如图 2-58 所示，能使用户在产品的使用中拥有良好的交互体验，使用者可以很轻松地在现实场景中辨别出虚拟图像，并对其发号施令。最典型的 MR 应用场景就是微软在 HoloLense 发布会上展示的，用户可以在自家的客厅里大战入侵的外星生物。

图 2-58　用户使用 HoloLens 在家中畅玩

　　并且，使用 HoloLens 的用户仍然可以行走自如，随意与人交谈，全然不必担心会撞到墙。眼镜将会追踪你的移动和视线，通过摄像头对室内物体进行观察，因此设备可以得知桌子、椅子和其他对象的方位，然后其可以在这些对象表面甚至内部投射 3D 图像，进而生成适当的虚拟对象，通过光线投射到你的眼中。因为设备知道你的方位，你可以通过手势（目前只支持半空中抬起和放下手指点击）来与虚拟 3D 对象交互。各种传感器可以追踪你在室内的移动，然后通过层叠的彩色镜片创建出可以从不同角度交互的对象。此外，它还可以投射新闻信息流、收看视频、查看天气、辅助 3D 建模、协助模拟登陆火星场景、模拟游戏，等等。

　　Magic Leap 成立于 2011 年，是一家位于美国的增强现实公司。Magic Leap 是一个类似微软 HoloLens 的增强现实平台。它涉及视网膜投影技术，主要研发方向就是将三维图像投射到人的视野中，如图 2-59 所示。目前 Magic Leap 正在研发的增强现实产品可以简单理解成谷歌眼镜与 Oculus Rift 的一种结合体，但它还没有推出过正式的产品，人们所看到的让人吃惊的画面也仅为概念视频，并不是我们所想象的裸眼 3D，因为影像是要投到介质上的，只能说是一个让人惊艳的效果图。关于 Magic Leap 的产品，Rony Abovitz 将它描述为一款小巧的独立计算机，人们在公共场合使用它也可以很舒服。

图 2-59　Magic Leap 官网宣传图

　　就 MR 的定义来看，或许会让读者感觉与 AR 十分接近，但其实两者之间有两点明显的区别：一是虚拟物体的相对位置会否随用户而改变；第二则是用户是否能明显区分虚拟与现实的物品。

　　第一点，以谷歌眼镜（属于 AR 产品）为例，如图 2-60 所示，它透过投影的方式在眼前呈现天气面板，当你的头部转动的时候，这个天气面板都会随之移动，跟眼睛之间的相对位置不变。反之，HoloLens（属于 MR 产品）也有类似功能，当 HoloLens 在空间的墙上投影出天气面板，无论在房间如何移动，天气面板都会出现在固定位置的墙上，也就是所投影出的虚拟资讯与你之间的相对位置会改变。

图 2-60　谷歌眼镜投影虚拟物体（左）与 HoloLens 的虚拟物体（右）

AR 与 MR 的第二点不同则在于投影出来的物件，在 AR 设备中能够明显被辨识，例如 MSQRD APP 中所呈现的虚拟效果。但是 Magic Leap 是向眼睛直接投射 4D 光场画面，因此使用者无法在戴上 Magic Leap 时分辨出真实物体与虚拟物体，如图 2-61 所示。

图 2-61　Magic Leap

2.3.3　CR

CR（Cinematic Reality），是 Google 投资的 Magic Leap 提出的概念，指的是可以让虚拟实境效果呈现出宛如电影特效的逼真效果。其自认为与 MR 不同，实际上理念是类似的，均是模糊物理世界与虚拟世界的边界，所完成的任务、所应用的场景、所提供的内容，与 MR 产品是相似的。后期 Magic Leap 比较常用 MR 来归类自家产品，再加上要实现 CR 效果，充满更多现实中的挑战，相关探讨并不多。

CR＝影像实境。这个技术的核心在于，通过光波传导棱镜设计，Magic Leap 从多角度将画面直接投射于用户的视网膜上，从而达到"欺骗"大脑的目的。也就是说，有别于通过屏幕投射显示技术，通过这样的技术，实现更加真实的影像，直接与视网膜交互，解决了

HoloLens 视野太窄或者眩晕等问题。说到底，只是 MR 技术的不同实现方式而已。

　　Google 看好 Magic Leap 说明该技术的特殊性，这与马化腾前面提到的视网膜投射相呼应。不过，Magic Leap 还会让大家等多久，还没有答案。

第 3 章

打开梦游仙境的钥匙

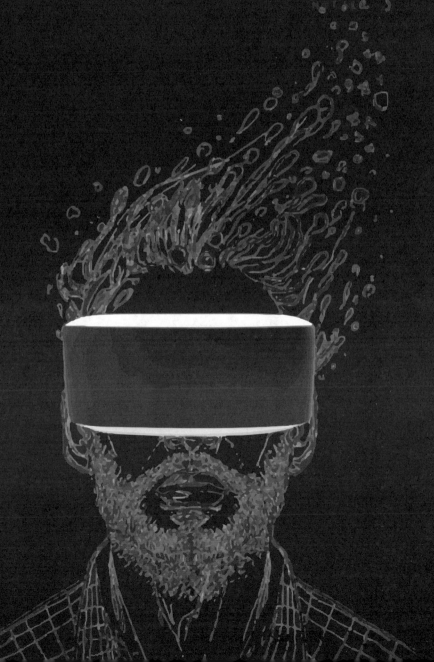

　　2010 年，迪士尼推出了一部以英国童话大师刘易斯·卡罗尔作品为灵感制作的 3D 立体电影《爱丽丝梦游仙境》，如图 3-1 所示。原著讲述了一个名叫爱丽丝的女孩在兔子的带领下，从兔子洞进入一处神奇国度，遇到许多会讲话的生物，以及像人一样活动的纸牌，最后发现原来是一场梦的故事。而电影则可以说是原著的续集，讲的是十年后的爱丽丝重返梦境，审视自己的故事。我们经常把虚拟现实所营造出来的虚拟世界比喻为梦境，而在《爱丽丝梦游仙境》这则故事里，爱丽丝是通过喝下神奇的果汁来使自己变小从而进入了仙境之中。那么对于现实生活中的我们来说，要通过什么方式才能打开进入虚拟世界的大门呢？

图 3-1 　《爱丽丝梦游仙境》剧照

　　本章将着重介绍制作及呈现虚拟现实所需要的基本设备，包括建模设备（如 3D 扫描仪、3ds Max 等）、三维视觉显示设备（如 VR 眼镜、VR 头盔等）、声音设备（如三维的声音系统及非传统意义的立体声等）、交互设备（包括力矩球、数据手套等）以及 3D 输入设备（如三维鼠标、动作捕捉设备、眼动仪、力反馈设备及其他交互设备）。让读者对这些设备有一个较为详细的了解。

3.1 马良的神"笔"——建模设备

在中国古代，有一个《神笔马良》的故事。

从前，有一个孩子名叫马良。他的父母死得早，他就靠自己打柴、割草过日子。他从小喜欢学画，可是他却连一支笔也没有。一天，他走过一个学馆门口，看见学馆里的教师正拿着一支笔在画画，他不自觉地走了进去，想问教师要支笔，却不料被教师嘲讽自己穷，并被赶了出来。

马良是一个有志气的孩子，他说："我偏不相信，怎么穷孩子连画也不能学了！"从此，他下决心学画，每天用心苦练。他到山上打柴时，就折一根树枝，在沙地上学着画飞鸟。他到河边割草时，就用草根蘸着河水，在岸石上学着画游鱼。晚上，回到家里，拿了一块木炭，在窑洞的壁上又把白天画过的东西一件一件地再画一遍。没有笔，他照样学画画。一年一年地过去，马良的画术进步得非常快，画出来的东西简直活灵活现。有一次，他在山后画了一只黑毛狼，吓得牛羊不敢在山后吃草。但是马良还是没有一支笔啊！他想，自己能有一支笔该多么好呀！

一天晚上，马良躺在窑洞里，因为他整天干活、学画，已经很疲倦了，一躺下来就迷迷糊糊地睡着了。不知道什么时候，窑洞里亮起了一道五彩光芒，来了一位白胡子的老人，把一支笔送给他："这是一支神笔，要好好用它！"马良接过来一看，那笔金光灿灿的，拿在手上，沉甸甸的。他喜欢得蹦起来："谢谢你，老爷爷！"马良的话还没有说完，白胡子老人已经不见了（如图3-2所示）。

马良一惊就醒了过来，揉揉眼睛，原来是个梦，可又不是梦啊！那支笔不是就很好地在自己的手里吗？他十分高兴，并且他发现他用笔画出来的东西都能变成真的。他高兴极了，说："这神笔，多好呀！"马良有了这支神笔，开始天天替村里的穷人画画：谁家没有犁耙，他就给他画犁耙；谁家没有耕牛，他就给他画耕牛；谁家没有水车，他就给

他画水车；谁家没有石磨，他就给他画石磨……直到后来，马良的神笔先后被大财主和皇帝窥见上，他们使用各种各样的方法想得到那支笔，从而获得更多的财富。马良年纪虽小，却生来是个硬性子，他看出了财主和皇帝的贪得无厌，所以，无论他们怎样对他，他就是不愿帮他们画画。最后，马良凭借自己聪明的头脑和神笔，每次都能在最后关头化险为夷，用神笔画物拯救自己。

图 3-2　《神笔马良》

在这个神话故事里，马良凭借着神笔，能把画在纸上的不会动、没有生机的事物变成现实中存在的东西，让物品从画里走出来。那么，在虚拟现实技术中是否有将梦境搬到现实中来的工具呢？

通过前面的章节可知，设计一个虚拟现实系统除了硬件条件一般个人是无法定制的外，能够充分发挥个人能动性的就只能是在软件方面下工夫了。要设计一个 VR 系统，首要的问题是如何创造一个包括三维模型、三维声音等在内的虚拟环境。而在诸多环境要素中，视觉摄取的信息量最大，反应也最为灵敏，所以创造一个逼真而又合理的，并且能够实时动态显示的模型是最为重要的。因此，虚拟现实系统构建的很大一部分工作便是创建真实、合适的三维模型。

通常我们说的三维是指在平面二维系中又加入了一个方向向量构成的空间系。三维通过坐标系的三个轴，即 x 轴、y 轴、z 轴，其中 x 表示左右空间，y 表示上下空间，z 表示前后空间，这样就形成了人的视觉立体感，如图 3-3 所示。

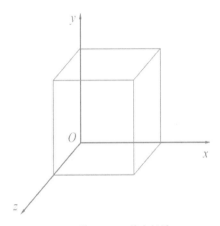

图 3-3　三维坐标图

建立系统模型的过程，又称"模型化"，是研究系统的重要手段和前提。在这样的三维空间里，建立系统模型可以通过对系统本身运动规律的分析及实验或统计数据的处理等，分析和设计实际系统，预测或预报实际系统的某些状态的未来发展趋势，并对系统进行最好的控制。

3.1.1　建模的技术原理

现有的建模技术主要可以分为基于图形渲染的建模技术、基于图像的建模技术，以及图像与图形混合的建模技术。而常见的建模技术可以分为以下三类。

■ 多边形（Polygon）建模

多边形建模技术是最早采用的一种建模技术，它的思想很简单，就是用小平面来模拟曲面，从而制作出各种形状的三维物体，如图 3-4

所示。小平面可以是三角形、矩形或其他多边形的，但实际中多是三角形或矩形的。使用多边形建模可以通过直接创建基本的几何体，再根据要求采用修改器调整物体形状或通过使用放样、曲面片造型、组合物体来制作虚拟现实作品。多边形建模的主要优点是简单、方便和快速，但它难以生成光滑的曲面，故而多边形建模技术适合于构造具有规则形状的物体，如大部分的人造物体，同时可根据虚拟现实系统的要求，仅仅通过调整所建立模型的参数即可获得不同分辨率的模型，以适应虚拟场景实时显示的需要。

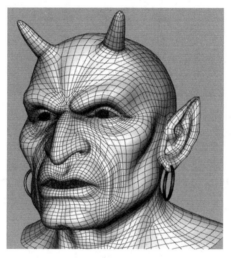

图 3-4　多边形建模

■ NURBS 建模

NURBS 是 Non-Uniform Rational B-Splines（非均匀有理 B 样条曲线）的缩写，它纯粹是计算机图形学的一个数学概念，也就是说，NURBS 曲线和 NURBS 曲面在传统的制图领域是不存在的，是为使用计算机进行 3D 建模而专门建立的。

NURBS 建模技术是当下三维动画最主要的建模方法之一，特别适合于创建光滑的、复杂的模型，如图 3-5 所示。而且在应用的广

泛性和模型的细节逼真性方面具有其他技术无可比拟的优势。但由于 NURBS 建模必须使用曲面片作为其基本的建模单元,所以它也有一些局限性:NURBS 曲面只有有限的几种拓扑结构,导致它很难制作拓扑结构很复杂的物体(例如带空洞的物体);NURBS 曲面片的基本结构是网格状的,若模型比较复杂会导致控制点急剧增加而难于控制;构造复杂模型时经常需要裁剪曲面,但大量裁剪容易导致计算错误;NURBS 技术很难构造"带有分枝"的物体。

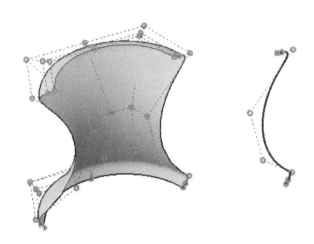

图 3-5 NURBS 的曲面建模

■ 细分曲面技术

细分曲面技术是 1998 年才引入的三维建模方法,它解决了 NURBS 技术在建立曲面时面临的困难,它使用任意多面体作为控制网格,然后自动根据控制网格来生成平滑的曲面。细分曲面技术的网格可以是任意形状的,因而可以很容易地构造出各种拓扑结构,并始终保持整个曲面的光滑性,如图 3-6 所示。细分曲面技术的另一个重要特点是"细分",就是只在物体的局部增加细节,而不必增加整个物体的复杂程度,同时还能维持增加了细节的物体的光滑性。

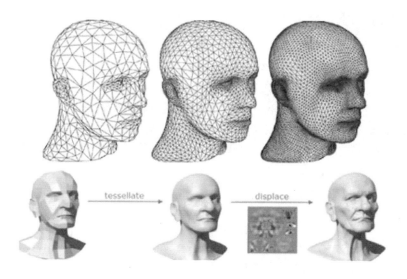

图 3-6　细分曲面建模

在以上的三种建模技术中，由于无论是 NURBS 还是细分曲面，显卡最终都要转化为三角面来进行渲染，这势必会增加不必要的面数，面数较少的模型在保证形象尽量逼真的前提下，将复杂的形体归纳成比较简单的多边形形体的组合，因而能够保证场景运行的速度。所以 VR 所采用的建模技术大多为多边形建模技术，并且，我们在做 VR 的时候最好做简模，否则可能导致场景的运行速度会很慢、很卡，甚至无法运行。

3.1.2　常用的建模软件

目前，能经常被用到的 3D 建模设备及软件包括 3ds Max、Softimage XSI、Autodesk Maya、Blender 等，本节便逐一为读者介绍几款虚拟现实技术经常用的设备软件。

1.3ds Max

3ds Max 是 Discreet 公司开发的（后被 Autodesk 公司合并）基于 PC 系统的三维动画渲染和制作软件，前身基于 DOS 操作系统。

在 Windows NT 出现以前，工业级的计算机动画（CG）制作被 SGI 图形工作站所垄断。3ds Max+ Windows NT 组合的出现一下子降低了 CG 制作的门槛，首先开始运用在计算机游戏中的动画制作，后更进一步开始参与影视片的特效制作，例如《如 X 战警 II》《最后的武士》等。由于它是基于 Windows 平台的，所以方便易学，又因其相对低廉的价格优势，所以成为目前个人计算机上最为流行的三维建模软件。

图 3-7　3ds Max 建模界面

3ds Max 是集建模、材料、灯光、渲染、动画、输出等于一体的全方位 3D 制作软件，它可以为创作者提供多方面的选择，满足不同的需要。目前这款软件除了在电影特效方面被广泛应用外、在电视广告、游戏、工业造型、建筑艺术、计算机辅助教育、科学计算机可视化、军事、建筑设计、飞行模拟等各个领域也有很多应用。作为当前世界销量最大的一款虚拟现实建模的应用软件，它与其他的同类软件相比具有以下两大特点。

※　简单易用、兼容性好。3ds Max 具有人性化的友好工作界面，

建模制作流程简洁高效，易学易用，工具丰富。并具有非常好的开放性和兼容性，因此它现在拥有最多的第三方软件开发商，拥有成百上千种插件，极大地扩展了 3ds Max 的功能。

※ 建模功能强大。3ds Max 软件提供了多边形建模、放样、片面建模、NURBS 建模等多种建模工具，建模方法和方式快捷、高效。其简单、直观的建模表达方法大大丰富和简化了虚拟现实的场景构造。

2.Softimage XSI

Softimage XSI（如图 3-8 所示）是全球著名的数字媒体开发、生产企业，AVID 公司于 1998 年并购了 Softimage 以后，于 1999 年底推出了全新的一款三维动画软件，至今已有 17 年的历史，是著名的三维动画软件之一，曾经长时间垄断好莱坞电影特效的制作领域，如《黑客帝国》《异形》《侏罗纪公园》等电影的完美呈现都有它的功劳，在业界一直以其优秀的角色动画系统而闻名，是制作电影、广告、3D、建筑表现等方面的强力工具。

一直以来，Softimage XSI 以其独一无二真正的非线性动画编辑功能为众多从事三维计算机艺术人员所喜爱，它将计算机的三维动画虚拟能力推向了极致，是最佳的动画工具，除了新的非线性动画功能之外，比之前更容易设定关键帧的传统动画。Softimage XSI 是拥有基于节点的体系结构，这就意味着所有的操作都是可以编辑的。它的动画合成器功能更是可以将任何动作进行混合，以达到自然过渡的效果。Softimage XSI 的灯光、材质和渲染已经达到了一个较高的境界，系统提供的几十种光斑特效可以延伸为千万种变化。

Softimage XSI 拥有世界上最快速的细分优化建模功能，以及直觉创造工具，它们快速、简单并且非常完整，这让 3D 建模感觉就像在做真实的模型雕塑一般。Softimage XSI 的非破坏性流程环境让使用者可以完全专注于艺术创作上。亿万多边形核心架构可以让使用者同时掌控几百万个多边形，并且使用者的创作达到没有前例可循的精细。同时，它的超强动画能力和渲染技能，也使制作出来的作品运动感效果更为逼真。

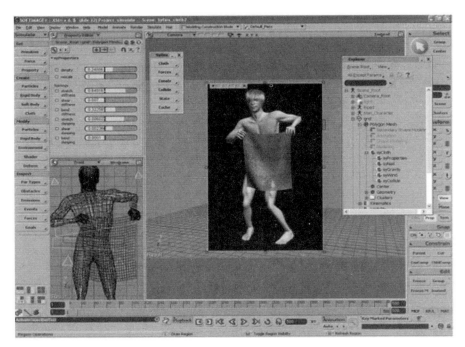

图 3-8　Softimage XSI 工作界面

总体来说，Softimage XSI 的优缺点如下：

※　优点：在 Softimage XSI 中，有几种动画工具几乎可以为任何所需的东西上设置动画，如果仅使用默认的工具还不够，还可以很方便地使用自定义工具来达到目的。Softimage XSI 的毛发系统既快速又强大，建模工具也非常方便，且工作流程非常合理、快速。Softimage XSI 非常稳定，且极少有缺陷，网络渲染和贴图工作流程非常强大、快速。使用 Softimage XSI 可以进行多通道渲染，再结合使用 FXTREE，甚至可以只在此软件中就能够完成后期编辑、输出的工作，既方便又快速。

※ 缺点：Softimage XSI 高度的开放性和可配置性，对于一些个体的艺术家来说，软件中的一些功能使用起来会有困难。例如，如果想使用凹凸贴图来影响物体的颜色属性就不会像 LightWave 软件那样直接，所以使用者必须真正地吃透这个软件才能顺利完成工作。而一些其他的软件则已经为使用者做好了一切的准备工作，使用起来就相对容易一些。例如在 LightWave 软件中，可以为融合变形的目标创建一个库，并且可将它们分成若干部分，设置还可以分别为它们创建出一些控制滑块，但是在 Softimage XSI 中，却需要手工构建它们。

除此以外，在 Softimage XSI 中，阴影的颜色是属于物体的一个属性，所以在灯光选项里，没有阴影颜色属性的控制选项，如果使用者要为阴影添加颜色，就会显得有些麻烦。并且，在使用细分表面方法建模的时候，不能在模型网格上直接选取控制点，而是要先使用投影点作为替代，操作起来相对麻烦。在创建融合变形时，Softimage XSI 还需要一些额外的工作来创建一些控制滑块等，而不像其他软件那样自动地完成这个工作，同时，这款软件里的一些变形器，例如 Bend、Taper 变形器，比较难控制，而且，它的程序贴图的数量有限，操作起来也不如其他软件方便，照明场景时的工作流程也不太直观，其中的各项异型材质模型（Anisotropic）只在 NURBS 模型上才能正常地工作。

3.Autodesk Maya

Autodesk Maya（如图 3-9 所示）是美国 Autodesk 公司出品的世界顶级的三维动画软件，应用对象是专业的影视广告、角色动画、电影特技等，如从早期的《玩具总动员》《精灵鼠小弟》《金刚》《汽车总动员》等众多知名影视作品的动画和特效都是由 Maya 参与制作完成的。除了在影视动画制作的应用外，Maya 还可以应用在游戏、建筑装饰、军事模拟、辅助教学等方面。Maya 功能完善，工作灵活，制作效率极高，渲染真实感极强，是电影级别的高端制作软件，还曾获得过奥斯卡科学技术贡献奖。

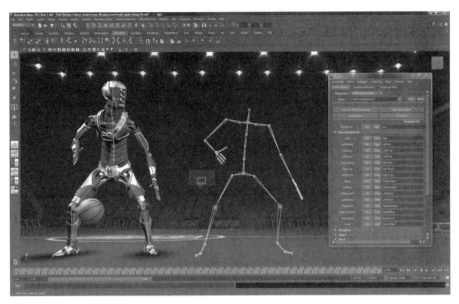

图 3-9　Autodesk Maya 软件界面

　　Autodesk Maya 集成了 Alias Wavefront 最先进的动画及数字效果技术。它不仅包括一般三维和视觉效果制作的功能，而且还与最先进的建模、数字化布料模拟、毛发渲染、运动匹配技术相结合，可以提供完美的 3D 建模、动画、特效和高效的渲染功能。Maya 可在 Windows 与 SGI IRIX 操作系统上运行，在目前市场上用来进行数字和三维制作的工具中，Maya 是首选解决方案。

　　如上所说，Autodesk Maya 具有功能完善、工作灵活、制作效率极高、渲染真实感极强等优点，被业界所推崇。但它同样有以下三个主要缺点：售价昂贵、难于上手、默认渲染器与其他软件相比较差。

　　Autodesk Maya 与前面所介绍的 3ds Max 的区别在于：

　　※　Maya 是高端 3D 软件，3ds Max 是中端软件，Maya 的基础层

次更高，而 3ds Max 属于普及型三维软件，易学易用，在遇到一些高级要求（如角色动画、运动学模拟）方面 3ds Max 远不如 Maya 强大。

※ Maya 软件应用主要是动画片制作、电影制作、电视栏目包装、电视广告、游戏动画制作等方面；而 3ds Max 软件应用主要是动画片制作、游戏动画制作、建筑效果图、建筑动画等。

※ 3ds Max 功能相对来说少一些，有时用户需要临时寻找第三方插件进行辅助制作，而 Maya 的 CG 功能十分全面，如建模、粒子系统、毛发生成、植物创建、衣料仿真等，都无须另外再找插件，可以说，从建模、动画到输出，Maya 都非常出色。

4.Blender

Blender（如图 3-10 所示）是一款开源的跨平台全能三维动画制作软件，提供从建模、动画、材质、渲染、音频处理、视频剪辑等一系列动画短片制作解决方案。拥有在不同工作条件下使用的多种用户界面，内置绿屏抠像、摄像机反向跟踪、遮罩处理、后期结点合成等高级影视解决方案。它以 python 为内建脚本，支持多种第三方渲染器，同时还内置实时 3D 游戏引擎，让制作独立回放的 3D 互动内容成为可能。

Blender 基于 OpenGL 的图形界面在任何平台上都是一样的（而且可以通过 Python 脚本自定义），可以工作在所有主流的 Windows（XP、Vista、7、8）、Linux、OS X 等众多其他操作系统上，并且它的快捷键功能也十分强大。

有两种完全支持在 Blender 中使用的建模工具：盒子建模和曲面建模。许多人使用由一个基础的立方体开始建模的盒子建模，然后再通过挤出面和移动顶点来创建一个更大、更复杂的网格。对于平面物体，像墙和桌面，你可以使用曲面建模用贝兹曲线（Bezier）或 NURBS 曲线定义轮廓，然后挤到所需的厚度。

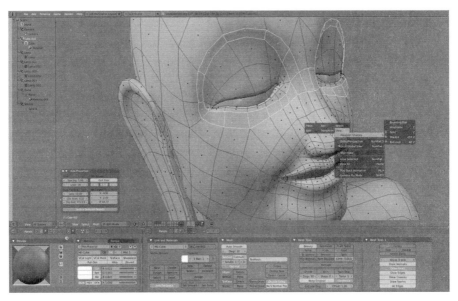

图 3-10　Blender 工作界面

　　虽然 Blender 支持的是网格（Mesh）而非多边形（Polygon），但其编辑功能强大，常见的修改命令基本都有，自从 2.63 版以后，同样能支持 N 边面（N-sided），不比支持 Polygon 的软件弱。而且 Blender 的网格具有很好的容错性，能支持非流形网格（non-manifold Mesh）。

5.Virtools

　　Virtools（如图 3-11 所示）是由法国 Virtools 公司开发的一款功能强大的元老级虚拟现实制作软件，自 2004 年 Virtools 已经推出了 Virtools Dev 2.1 实时三维互动媒介创建工具，随即被引进到中国台湾地区，并在台湾地区得到迅速发展，并引进到中国大陆，在最近一年时间里，Virtools 已经停止更新，同时其母公司达索也关闭了在中国的官网。

　　Virtools 是一套具备丰富的互动行为模块的实时 3D 环境虚拟实

境编辑整合软件，可以将现有常用的档案格式整合在一起，如 3D 的模型、2D 图形或音效等，让没有程序基础的美术人员利用内置的行为模块快速制作出许多不同用途的 3D 产品，如网际网络、计算机游戏、多媒体、建筑设计、交互式电视、教育训练、仿真与产品展示等。它允许用户通过行为模块的编辑，快速、简单地实现 3D 交互的应用程序。

图 3-11　Virtools 工作界面

总体来说，Virtools 主要有以下特点：

※　Virtools 能制作具有沉浸感的虚拟环境，它能对参与者生成诸如视觉、听觉、触觉、味觉等各种感官信息，给参与者一种身临其境的感觉。因此是一种新发展的、具有新含义的人机交互系统。

※　Virtools 主要经由一个设计完善的图形使用者界面，使用模块化的行为模块撰写互动行为元素的脚本语言。这使得使用者能够快速地熟悉各种功能，包括从简单的变形到力学功能等。

※　Virtools Shaders 支持绝大部分最新的显示卡，供使用者撰写属于自己开发的特殊效果，并提供使用者在 Virtools 的着色阶段（Rendering pipeline）完整的控制权。通过最新的着色器（Shader)运算技术可以迅速地编写并且立即完成内容的更新，

它不需重新读取整个档案，只需更改 shader 参数即可。这项强大的编辑功能使开发者能将 shader 效果快速地置入实际的游戏场景中，并可以立刻提升画面效果，使空间环境及对象贴图材质的呈现更具真实性及说服力。让游戏开发者对于整体绘图流程（render pipline）、视觉效果与后制特效（post-processing）技术能有更为完善的掌控。

※ Virtools 的可视化程度很高（如图 3-12 所示）。Virtools 自身提供了许多功能模块，通过直接拖曳的方式来使用模块，操作过程方便、快捷；Virtools 除了可以在专用的 Virtools Player 播放所制作的作品外，还可以输出成网页格式，也可以更进一步与 Flash 网页、3D 网页整合在一起。

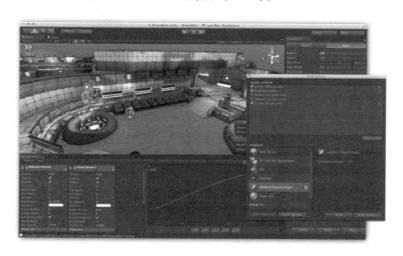

图 3-12　Virtools 的操作

Virtools 的优缺点比较如下：

※ 优点：Virtools 功能强大，容易操作，即使用户没有接触过程序设计，也可以设计出一个简单的 3D 单机游戏，至于虚拟现实（例如房地产建筑浏览、店铺商品浏览等）就更容易了，但是用户必须有比较好的逻辑分析能力。Virtools 支持网页播放

3D 场景（简单来说，就是可以在网页上玩 3D 游戏），但是要安装它的网页播放插件才行。并且，它能提供很好的 SDK 可以进行二次开放。这些对于程序员来说非常方便，可以控制和封装自己的功能，实现模块化。除此之外，Virtools 还有很多其他的优点，如成本低、开发周期短等。

※ 缺点：首先，它支持中文显示，但是不支持中文输入，这个估计可以通过 SDK 进行二次开放解决，但是目前没有解决，即使解决了也只是在发布的平台上可以，而在编辑窗口内不行；其次，Virtools 不能直接建模，需要把 3ds Max 平台下所建模型与动作导入到 Virtools 中整合编辑。虽然它可以从 Maya 和 3ds Max 之类的建模软件中直接导出一个复杂的场景，但是当场景多个模型公用一张纹理贴图时，它会导出多个这样的贴图。注意当导出到 Virtools 支持的格式（*.nmo，这个格式是 Virtools 的）就不需要原来的贴图了；最后是角色，它的角色十分灵活，但是它的动画不能共享，例如有两个一模一样的人，动画也一模一样，你必须在程序中存在这个两个人的模型和动画各一份，也就是两套动作，两套模型。如果不这样，当一个模型想向前，而一个模型向后，就会出问题了。解决的方法可以用两套模型，一套动作，但是两套模型不能同时使用同一个动作。

6.Vega

Vega（如图 3-13 所示）是 MultiGen—Paradigm 公司开发的应用于实时视景仿真、声音仿真和虚拟现实等领域的高性能软件环境和开发平台。由 Lynx 图形化用户接口和 Vega 库组成，LynX 界面使用户能对交付的系统重新配置，它的实时交互性能为开发系统提供更经济的解决方案。利用 Vega 库函数，在 Lynx 中可以建立漫游所需要的场景、窗口、通道、运动方式、观察者、碰撞方式等，定义对象的初始化参数以及建立对象之间的相互联系。例如，在 Vega 的 LynX 图形用户界面中只需利用鼠标单击即可配置、驱动图形，在一般的城市仿真应用中，几乎不用编写任何源代码就可以实现三维场景漫游。使用配套的 Creater 完成三维建模后，即可导入 Vega 创建、编辑、运行复杂的仿真应用。

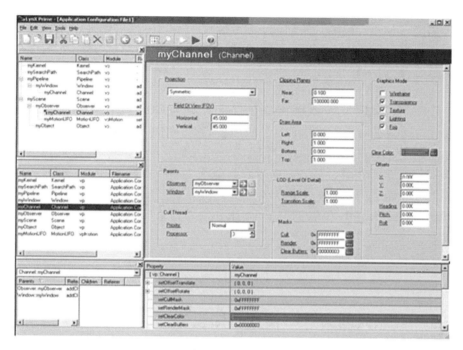

图 3-13　Vega 界面

用 Creator 进行建模时，可以创建简单的面片，然后对面片进行拉长、伸缩、倾斜、裁减等操作来构造模型。Creator 也可以调整 UV 坐标，采用手工的方式来为模型贴图，但是它与其他的建模软件如 3ds Max 等相比，缺少放样及编辑修改器（Modifier）的功能，有些 UV 坐标效果用手工很难实现，如 Sphere。

并且，在 Creator 中，主要采用拍照、数字化等手段构造贴图，然后直接贴在物体的表面。而在不同的光线条件下拍摄的照片色调不一致，所以容易导致最后的效果比较混乱。

Vega 将先进的模拟功能和易用工具相结合，对于复杂的应用，能够提供便捷的创建、编辑和驱动工具。它还包括完整的 C 语言应用程序接口 API，在 Windows 下以 VC 6.0 为开发环境，以满足软件开发人员要求的最大限度的灵活性和功能定制，显著地提高工作效率，同时大幅度减少源代码的开发时间；Vega 能为使用者提供稳定、兼容、易用的界面，使他们的开发、支持和维护工作能更快并且高效，而减少在图形编程上花费的时间。

Vega 支持多种数据调入，允许多种不同数据格式综合显示，Vega 还提供高效的 CAD 数据转换。Paradigm 还提供和 Vega 紧密结合的特殊应用模块，这些模块使 Vega 很容易满足特殊模拟要求，例如航海、红外线、雷达、高级照明系统、动画人物、大面积地形数据库管理、CAD 数据输入和 DIS 分布应用等。它还允许用户将图像和处理作业指定到工作站的特定处理器上，定制系统配制来达到全部需要的性能指标。

3.2 或恐入画来——视觉感知设备

我们常说，人眼是展开万物形象的开关，对于虚拟现实成像技术也一样不例外。在虚拟现实的系统中，视觉感知设备的主要作用对象便是人的眼睛。人的眼睛有着接收及分析视像的不同能力，从而组成知觉，以辨认物象的外貌和所处的空间（距离），以及该物在外形和空间上的改变，以便人们辨认外物和对外物做出及时和适当的反应，规避物理上可能带来的伤害。

在前面，我们已经为大家简要介绍过虚拟现实在人眼中成像中的基本原理，主要是依靠双目的视觉差，即由于正常的瞳孔距离和注视角度

不同，造成左右眼视网膜上形成的物象会存在一定程度的水平差异，人的双眼看同一物体时，由于左右眼视线方位不同，双眼视网膜结像出现微小的水平像位差。而这种微小的差别运用到虚拟现实里，会让人们产生一种3D立体的既视感，就好像真的走入了画境之中一样，形象逼真。

VR内容传入人眼主要有两种途径：一种是通过投影技术，将画面直接投射到视网膜上，这种技术应用简单，使用得较为普遍；而另一种是通过屏幕显示，人眼观看屏幕获得内容，这个技术较为高端，使用得没有第一种广泛，但效果比第一种好，还能减少使用者的视疲劳。运用这两种技术，便可以得到广泛应用的VR视觉设备——VR眼镜（也可称VR头盔）。

3.2.1 VR眼镜的成像原理

虚拟现实头戴显示器设备，简称VR头显、VR眼镜（如图3-14所示），是利用仿真技术与计算机图形学、人机接口技术、多媒体技术、传感技术、网络技术等多种技术集合的产品，是借助计算机及最新传感器技术创造的一种崭新的人机交互手段。其第一个原型设备出现于1968年秋，此后断断续续进行了多次研究热潮，但很快又趋于平静。直到2014年Facebook的加入才将VR再次拉到人们关注的焦点上，并号称其将成为继手机之后最重要的移动计算平台。

图3-14　VR眼镜

VR 眼镜的原理和我们的眼睛类似，两个透镜相当于眼睛，但远没有人眼"智能"。再加上 VR 眼镜一般都是将内容分屏，切成两半，通过镜片实现叠加成像。这时往往会导致人眼瞳孔中心、透镜中心、屏幕（分屏后）中心不在一条直线上，如图 3-15 所示，便会使视觉效果很差，出现不清晰、变形等一大堆问题。

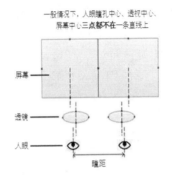

图 3-15　人眼、VR 透镜、屏幕不在一条直线上

而理想的状态是，人眼瞳孔中心、透镜中心、屏幕（分屏后）中心均在一条直线上，如图 3-16 所示。这时就需要通过调节透镜的"瞳距"使之与人眼瞳距重合，然后使用软件调节画面中心，保证三点一线，从而获得最佳的视觉效果。国内的设备有的是通过物理调节，有的是通过软件调节，例如暴风魔镜，其瞳距需要通过上方的旋钮来调节；SVR Glass 则需要软件来调节瞳距。

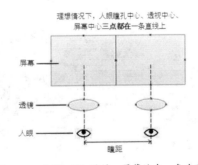

图 3-16　人眼、VR 透镜、屏幕均在一条直线上

大多数 VR 眼镜基本只用于观看 3D 影像，缺乏足够的沉浸交互，因此许多人也认为这类产品是"伪 VR"。但 VR 眼镜产品也并非都是如此，像三星的 Gear VR 就带有运动传感器，还在侧面配有触控板，搭配 Gear VR 版 Oculus Store 应用商店可体验到除了 3D 电影以外更丰富的内容，如图 3-17 所示。

图 3-17　三星 Gear VR

3.2.2　VR 眼镜的显示模式

现在经常能用到的 3D 立体眼镜的显示模式共有 4 种：交错显示（Interlacing）、画面交换（Page-Flipping）、画面同步倍频（Sync-Doubling）、线遮蔽（Line-Blanking）。

1. 交错显示模式

交错显示（Interlacing）就是依序显示第 1、3、5、7……等单数扫描线，然后再依序显示第 2、4、6、8……等偶数扫描线的周而复始的循环显示方式。这就有点类似老式的逐行显示器和 NTSC、PAL 及 SECOM 等电视制式的显示模式。

交错显示模式的工作原理是将一个画面分为二个图场，即单数描线所构成的单数扫描线图场或单图场与偶数描线所构成的偶数扫描线图

场或偶图场。在使用交错显示模式做立体显像时，我们便可以将左眼图像与右眼图像分置于单图场和偶图场（或相反顺序）中，我们称此为"立体交错格式"。如果使用快门立体眼镜与交错模式搭配，则只需将图场垂直同步讯号当作快门切换同步讯号即可，即显示单图场（即左眼画面）时，立体眼镜会遮住使用者之一眼，而当换显示偶图场时，则切换遮住另一支眼睛，如此周而复始，便可达到立体显像的目的，如图3-18所示。

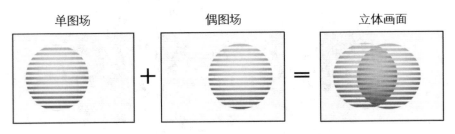

图 3-18　交错显示成像原理

由于交错模式不适于长时间且近距离的操作使用，就计算机显示周边技术而言，交错模式需要显示硬件与驱动程序的双重支持之下方可运行。随着相关显示周边技术的进步，非交错模式已完全取代交错模式成为标准配备。

2. 画面交换模式

画面交换（Page-Flipping）是由特殊的程序来改变显卡的工作原理，使新的工作原理可以用来表现立体3D效果。因为不同的显示芯片有其独特的工作原理，所以如果要使用画面交换，那么必须针对各个显示芯片发展独特的立体驱动程序以驱动3D硬件线路，因此画面交换仅限于某些特定显示芯片。

它的工作原理是将左右眼图像交互显示在屏幕上的方式，使用立体眼镜与这类立体显示模式搭配，只需要将垂直同步讯号作为快门切换同步讯号即可达成立体显像的目的。而使用其他立体显像设备则将左右眼图像（以垂直同步讯号分隔的画面）分送至左右眼显示设备上即可。

画面交换提供全分辨率的画面质量，故其视觉效果是四种立体显示模式中最佳的。但是画面交换的软硬件要求也是最高的，原因主要有两点：第一，如果虚拟现实屏幕的交错显示与VR眼镜的遮蔽不佳，那么有可能只能使左眼看到右眼的部分，右眼看到左眼的部分，造成"三重"图像（左眼、右眼，以及二者的合成图像），也就是说图像会有残影出现。所以要想同时存取左右眼的画面，那么画面缓存器（Frame Buffer）所需的最小容量就需要是普遍的两倍；第二，由于屏幕是交错显示的，因此不可避免地会出现闪烁现象。要想克服立体显像的闪烁问题，左右眼都必须提供至少每秒60格画面，也就是说垂直扫描频率必须达到120Hz或更高。

3. 画面同步倍频模式

画面同步倍频（Sync-Doubling）与前两种显示模式最大的不同是，它是用硬件线路而不是软件去产生立体讯号的，所以无须任何驱动程序来驱动3D硬件线路，因此任何一个3D加速显示芯片均可支持。只需在软件系统上对左右眼画面做上下安排便可达成。

它的工作原理是通过外加电路的方式在左右画面间（即上下画面间）多安插一个画面垂直同步讯号，如此便可使左右眼画面像交错般地显示在屏幕上，通过使用画面垂直同步讯号为快门切换同步的方式，我们便可以将左右画面几乎同时送到相对应的双眼中，达到立体显像的目的。由于画面同步倍频会将原垂直扫描频率加倍，因此须注意显示设备扫描频率的上限。此模式是最具效果的立体显示方式，不会受限于计算机硬件规格，同时可利用图像压缩（MPEG）格式，达到进一步传输、储存的目的。

4. 线遮蔽模式

线遮蔽（Line-Blanking）与画面同步倍频一样，是通过外加电路的方式来达到立体显像的目的的，非常适合计算机标准的非交错显示模式。

它的工作原理是将撷取的画面储存在相对的缓存器（Buffer）中，送出遮蔽偶数扫描线的画面后送出一个画面垂直同步讯号，再接着送出遮蔽单数扫描线的画面，如此周而复始地撷取画面并送出两个单偶遮蔽的画面，便可类似于画面交换的方式进行立体显像的工作。其工作模式会将显卡送出讯号的垂直扫描频率加倍，因此使用这种立体显示模式，须注意显示设备扫描频率的上限。

由于其采用立体交错格式，对于过去的交错显示的应用软件及媒体，线遮蔽都可充分支持，因此这种立体显示模式的回溯兼容性最佳。但它与交错模式一样，垂直分辨率将会减少一半，所以立体画面品质会比画面交换模式稍差。

3.2.3　VR 眼镜的种类

市场上搭配 VR 眼镜应用的立体图像种类繁多，以上 4 种显示模式也各有利弊，但相应的采用了不同显示模式的 VR 眼镜也会得到不同的用户体验。当使用者戴上 VR 立体眼镜后，立刻就能进入非常逼真的 3D 场景，看见游戏中的人物在眼前跳进跳出。一般来说，VR 眼镜可以分为以下四类：外接式头戴设备、一体式头戴设备、移动端头显设备，以及 VR 头盔。

1. 外接式头戴设备

这种设备配置高、具备独立屏幕、产品结构复杂、技术含量较高、性能强、用户体验较好，十分适合玩重度游戏。不过受数据线的束缚，使用者自己无法自由活动，且价格较高，同时对计算机的要求也较高，典型产品如 HTC Vive 、Oculus Rift。

■ HTC Vive

HTC Vive 是 2015 年 3 月在 MWC2015 上发布的由 HTC 与 Valve 联合开发的一款 VR 头显（虚拟现实头戴式显示器）产品，如图 3-19 所示。由于有 Valve 的 SteamVR 提供的技术支持，因此在

Steam 平台上已经可以体验利用 Vive 功能的虚拟现实游戏。

图 3-19　HTC Vive

　　它的屏幕刷新率为90Hz，搭配两个无线控制器，并具备手势追踪功能。在头显上，HTC Vive 开发版采用了一块 OLED 屏幕，单眼有效分辨率为 1200×1080 像素，双眼合并分辨率为 2160×1200 像素。2K 分辨率大大降低了画面的颗粒感，用户几乎感觉不到纱门效应（由于像素之间的空隙，图像上似乎覆盖了某种黑色网格，很像透过纱门观看的景象，故称"纱门效应"）。并且能在佩戴眼镜的同时戴上头显，即使没有佩戴眼镜，400°左右的近视依然能清楚看到画面的细节。其画面刷新率为90Hz，2016 年 3 月的数据显示延迟为22ms，实际体验几乎零延迟，也不觉得恶心和眩晕。

■ Oculus Rift

　　而 Oculus Rift 是一款为电子游戏设计的头戴式显示器，如图 3-20 所示，也是目前最成熟的头戴式消费级虚拟现实产品。它将虚拟现实技术接入游戏中，使玩家们能够身临其境，对游戏的沉浸感大幅提升。虽然最初是为游戏打造的，但是 Oculus 已经决心将 Rift 应用到更为广泛的领域，包括观光、电影、医药、建筑、空间探索，甚至是战场上。

图 3-20　Oculus Rift

　　这个头戴式显示器的主要作用是将用户的视觉全方位融入游戏当中，使游戏玩家身临其境，大大缩小与游戏场景之间的距离感。Oculus Rift 拥有两个目镜，再结合陀螺仪控制的视角，能够为用户提供"仿三维式"游戏场景。这对于目前以 2D、平面式视觉体验为主的游戏产业来说，是一次颠覆性的突破。

　　该设备与以索尼 HMZ 系列为代表的头戴显示设备有较大区别，Oculus Rift 提供的是虚拟现实体验。Oculus Rift 具有两个目镜，每个目镜的分辨率为 640×800 像素，双眼的视觉合并之后拥有 1280×800 像素的分辨率，戴上后几乎没有"屏幕"这个概念，用户看到的是整个世界。并且具有陀螺仪控制的视角是这款游戏产品的一大特色，这样一来，游戏的沉浸感大幅提升。并且，在设备支持方面，开发者已有 Unity3D、Source 引擎、虚幻 4 引擎提供官方开发支持。

2. 一体式头戴设备

　　此类设备产品偏少，也叫 VR 一体机，无须借助任何输入输出设备就可以在虚拟的世界里尽情感受 3D 立体感带来的视觉冲击。它实际上就是简化版的 VR 头盔，但能给予用户很好的体验感，并且价格便宜，使用方便，如空之翼 VR 眼镜（如图 3-21 所示）。

图 3-21　空之翼 VR 眼镜

　　空之翼是广州聚变网络科技有限公司所打造的一个品牌，旗下拥有空之翼 APP 和空之翼 VR 眼镜，用户可以使用空之翼 VR 眼镜打开 APP 观看 3D 电影，体验 360° 场景视频，畅玩 3D 游戏，还可以通过 AVR 卡牌进行人卡互动。

3. 移动端头显设备

　　也称"手机盒子"，使用时把手机嵌入，手机中的图像为左右两部分，两幅单独的画面送至双眼，每只眼睛只看到其中一幅，以此带来 3D 效果。这类设备对手机屏幕分辨率要求较高，因为凸透镜本身要对画面进行放大，低分屏颗粒感会很明显。它的便捷性、简单的操作和便宜的价格是大部分消费者所能接受的，代表产品有：三星 Gear VR（只能使用三星手机）、暴风魔镜等。

■ Gear VR

　　Gear VR 又名三星 Gear VR，是三星推出的一款 VR 头显。三星将这款初代产品命名为"创新者版"，软件和游戏部分很多都是技术演示，而不是消费类的产品。Gear VR 很轻，佩戴起来没有沉重的压迫感，稍微勒紧就可以牢固地戴在头上，并且戴眼镜的用户无须摘下眼镜就可以体验。

■ 暴风魔镜

暴风魔镜是 2014 年 9 月 1 日暴风影音在北京召开主题为"离开地球两小时"的新品发布会时，正式发布的产品，如图 3-22 所示。它是一款入门级的硬件设备，在使用时需要配合暴风影音开发的专属魔镜应用程序，在手机上实现 IMAX 效果，普通的电影即可实现影院观影效果。

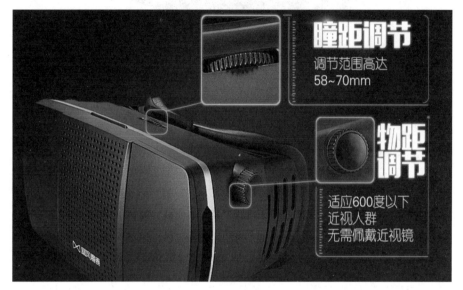

图 3-22　暴风魔镜

暴风魔镜通过开发的 APP，实现了手机显示代替了以往虚拟现实设备单独配备的硬件。而对于本地和在线视频的同时支持也使用户在使用过程中有更充足的资源，实用性更好。

4.VR 头盔

VR 头盔（如图 3-23 所示）是时下主流大厂力推的产品，它在使用时需要搭配单独的主机，如计算机或者家用游戏主机。由于主机端产品的配置可以做到很高，VR 头盔的体验效果也更为出色，可以打造出最贴合虚拟现实概念的设备。

图 3-23　VR 头盔

　　虚拟现实立体头盔的原理是将小型二维显示器所产生的影像凭借光学系统放大。具体而言，小型显示器所发射的光线经过凸状透镜使影像因折射产生类似远方的效果。利用此效果将近处物体放大至远处观赏，从而达到所谓的全像视觉（Hologram）。液晶显示器（早期用小型阴极射线管，最近已有应用有机电致发光显示器件）的影像通过一个偏心自由曲面透镜，使影像变成类似大银幕的画面。由于偏心自由曲面透镜为一个倾斜状凹面透镜，因此在光学上它已不单是透镜功能，基本上已成为自由面棱镜。当产生的影像进入偏心自由曲面棱镜面，再全反射至观视者眼睛对向侧凹面镜面。侧凹面镜面涂有一层镜面涂层，反射的同时光线再次被放大反射至偏心自由曲面棱镜面，并在该面补正光线倾斜，到达观视者眼睛。除了在现代先进军事电子技术中得到普遍应用成为单兵作战系统的必备装备外，它还拓展到民用电子技术中，虚拟现实电子技术系统首先应用了虚拟现实立体头盔。

但是，虚拟现实头盔并不能单独使用，或者单独使用会影响起使用效果，必须配合以下三种设备才能保证其使用效果：① 3D 虚拟现实真实场景；②大屏幕立体现实屏幕；③和数据反馈手套配合使用。

目前，Oculus、HTC 和索尼都发布了自己的主机端产品。与谷歌 Cardboard 和三星 Gear VR 相比，Oculus Rift、HTC Vive 和 PlayStation VR 的设置更加复杂，但能实现的功能也强大许多，如位置追踪、无线控制等，搭配丰富的遥控套件，VR 头盔在游戏体验方面更为出色。不过这三款高端 VR 设备需要与计算机或视频游戏机配套使用，整套设备的成本要高出很多，最少要花费数千美元来打造成套的 VR 系统。

Oculus 和 Valve 主要面向 PC 市场，而索尼是唯一一家想把 VR 与游戏机搭配在一起的公司。而要想在 Oculus 上玩 Xbox 精选游戏，首先需要的是一台 Windows 10 系统的计算机——而这会导致各种帧速率问题。有可能影响 Valve 和 Oculus 的配置问题，在索尼这里就不是问题了。由于索尼的 VR 头盔是与参数固定的 PlayStation 4 游戏机配对的，每个玩家都能获得完全相同的体验，这是一个巨大的优势。从电子娱乐展上看，《Rigs：机械化冲突》《厨房》，以及其他几款游戏的效果都相当不错。因此，开发者们可以放心地优化自家的游戏，构建出一些通用的 VR 效果，而且也不会有人跑到社交网站或留言板上抱怨说，自己的 VR 系统玩不了旗舰级别的《墨菲斯》游戏。

其他产品通过给脑后和头部两侧施以压力固定，而索尼的 PlayStation VR（如图 3-24 所示）则把所有重量都放在头顶。这样的话，头盔的前部就可以自由前后移动，容纳不同大小的头部，让用户获得舒适佩戴感。头盔下面有一个小开关让用户调整，非常容易操作。

随着相关技术的进一步发展，VR 头盔会更加美观、便携，同时因为处理众多数据的需要，头盔中会设置功能强大的计算机处理系统，使 VR 头盔使用起来有更多的内容和更快的实时性。

图 3-24　PlayStation VR

3.3　帘外雨声骤——听觉感知设备

人们不仅仅是有视觉差，双耳对于声音的敏感度也存在着一定的差距。这就使人不禁好奇，是否能将 3D 技术运用在音乐、音频方面，使耳朵也能够体验到像 3D 电影那样的真实感、立体感——让音乐不仅仅可以"听"，还能拿来"体验"呢？

无论是计算机、视频游戏，还是 VR 虚拟现实，音频技术在整个应用场景中的重要性不可忽视，带来的体验感仅次于视觉。由于计算机的技术基础，让计算机和游戏的音频技术有了很大的提升，相比传统行业，VR 虚拟现实和现实场景极为相似，面对新兴的 VR 虚拟现实领域，如何进行音频跟踪，正是 VR 虚拟现实需要着手解决的地方。

3.3.1　VR 的音效原理

要想营造与现实生活中无异的音频效果，首先要从人耳对声音的定位功能说起。定位简单地来理解，其实就是人判断声音在空间位置中的能力，我们知道人的耳朵其实是比较灵敏的，它不仅能够判定声源的方向，同时也能够判定声源的远近。人单耳和双耳都有定位功能，单耳定位主要是垂直方向的定位，是耳廓各部位对入射声波反射而引起的听觉效果，较双耳定位效果弱；双耳定位主要是水平方向上的定位，是声波到达人的两耳时具有不同的差异而引起的听觉效果，如图 3-25 所示。定位精度 10~15°，对人日常生活而言更为重要，其对来自前方的声音定位较准，而对来自后方的声音定位较差。3D 音效中利用的就是双耳定位的原理——指通过两耳所听到声音的声级差、时间差、相位差、音色差等差异来对声音进行定位。其中最重要的定位依据是声级差和时间差。

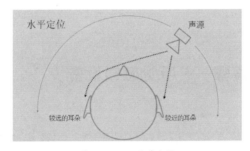

图 3-25　双耳的定位

1.声级差定位

声级差定位（人耳对声音大小的感受异常灵敏，如在可闻声级的条件下（声级为 0dB，声强约为 10^{16}W/cm^2），鼓膜振动幅度仅为 10^{-11}m，耳蜗基底振动幅度仅 10^{-13}m，只相当于氢原子直径的 1/100，这使声级差定位在听觉定位中起着十分重要的作用。声级差定位是同一声源在两耳接收到不同声级的声音而产生的，如当声源偏向左方时，声波可以直接到达左耳，而右耳则受到头部的遮蔽，结果左耳听

到的声级将大于右耳。声源越偏，声级差越大，声级差最大可达 25dB 左右。对于近距离的声源，声级差定位是最主要的定位方式，远距离时声级差定位对低频声的效果则不佳。

2. 时间差定位

声波在空气中传播需要时间，所以当声源不在正前（后）方时，与声源同侧的那一只耳朵将早一点听到声音，而另一只耳朵将迟一点听到声音，这种微小的时间差（小于 0.6ms）也可以被人耳分辨出来，最终传入大脑并分析得到声音的位置信息。时间差对各个频率的声音确定方位都有用；时间差主要指声音刚到人耳瞬间先后的时间差别，因此人耳对枪声、打击乐器等瞬态声、突发声有更强的定向能力，对于这类声音，人们可以更好地利用时间差来作定向信息。

现代立体声的定位技术正是利用双耳效应为理论基础发展起来的，立体声就是人能够感觉到声源分布在一个空间范围中的声音，让声音听起来更加具有空间感、远近感及临场感。而环绕立体声与我们普通的双声道立体声相比不仅拥有临场感以外，并且能够让声音将听众更好地包围，让人产生环绕感。无疑音乐厅和大空间的室内更有助于产生这种空间感。我们常见的虚拟立体声技术也会采用在耳机中，使用软件拓展来实现虚拟立体声音效，这就是为什么有的耳机仅仅是两声道，并且也非多单元结构，却仍然能够实现多声道的效果。

目前，很多虚拟现实设备都会配备耳机，以提供较好的环绕音效。本节将逐一介绍虚拟现实模拟现实中的声音所需要涉及到的技术和相关软件设备，揭秘那让人觉得仿佛亲临实境的立体音效是如何实现的。

3.3.2　3D 音效

3D 音效就是用扬声器仿造出似乎存在但是虚构的声音。例如扬声器仿造头顶上有一架飞机从左至右飞过，你闭上眼睛听就会感觉到头顶真的有一架飞机从左至右飞过。这就是 3D 音效，如图 3-26 所示。

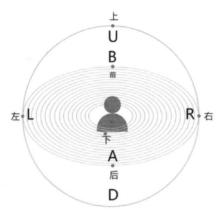

图 3-26　3D 音效

目前多数的 3D 音效的声卡上，都是使用 HRTF（就是声波会以几百万分之一秒的差距先后传到你的耳朵里，而我们的大脑可以分辨出那些细微的差别，利用这些差别来分辨声波的形态，然后在换算成声音在空间里的位置来源）的换算法来转换游戏里的声音效果，误导你的大脑听到声音是来自不同地方的。支持声源定位的游戏将声音与游戏的物件、人物或其他的声音的来源结合在一起，当这些声音与你在游戏中的位置改变时，声卡就将依据相对位置来调整声波讯号的发送。

目前经常采用的 3D 音效技术大致有以下三种：A3D 技术、EAX技术和 SRS 技术。

1.A3D 技术

大约是在前几年，Diamond Multimedia 公司大胆地推出了一张全新 PCI 规格的 Monster Sound 音效卡。它们利用微软的DirectSound API 来解决游戏声音相容性的问题，并且推出了 ISA卡与旧的 DOS 游戏相容，这是当时极少数声卡胆敢与声霸卡规格不相容的产品之一。而这张卡得以生存的原因主要在于这块声卡拥有自己的API 函数库，也叫 A3D 系统。它最大的长处，就是 3D 立体音效。

　　A3D 技术与传统做法最大的不同之处在于，它可以只利用一组喇叭或者耳机，就可以发出逼真的立体声效，定位出环绕使用者身边不同位置的音源。这种音源追踪的能力，就叫作"定位音效"，它使用当时的 HRTF 功能，通过两个音箱的输出，来达到这种神奇的效果。

　　刚开始时，A3D 的规格只有 Aureal 所推出的 Vortex 一代芯片，而后由于这项规格的 3D 音效定位颇佳，加上只需两声道音箱就可模拟出 3D 音效，所以后来许多非 Vortex 的芯片组也将此一规格纳入。A3D2.0 为 Aureal 在推出 Vortex 二代芯片时所发布的新音效规格，与 1.0 版最大的差异在于提高了声音的分辨率。它可兼容 DS3D，并且加上独特的 WaveTracing 声波追踪功能，可以更真实地呈现环境音效，但是只有 Vortex2AU8830 芯片可以完整地支持这项规格。

　　A3D 技术具体包含两个部分：A3D Surround 这一技术在于"环绕"，和 A3D Interactive 这一技术在于"互动"。A3D Surround 这一技术在于"环绕"，它允许只用两只普通的音箱或一对耳机就能在环绕着听者的三维空间中精确地定位声源。A3D Surroun 结合了诸如 Dolby 的 ProLogic 和 AC－3 这样的环绕声解码技术，环绕声解码器通过两个音箱创建一个由 5 组音频流环绕而成的声场，即用两个音箱就能体验到 Dolby 的五音箱环绕效果，这一技术被杜比实验室授予了 Virtual Dolby 的认证。

　　使用这一技术的软件（特别是游戏）可以根据软件中交互式的场景、声源变化而输出相应变化的音效，产生围绕听者的极其逼真的 3D 定位音效，带来真实的听觉体验，而这一切只需通过一对普通的音箱或耳机就能实现。

　　而 A3D Interactive 这一技术在于"互动"，它能为互动游戏及一些交互式的软件应用产生交互式的 3D 音效，营造出非常真实的 3D 互动听觉环境。我们知道，在现实中所听到的声音并不是一成不变的，而是随着我们的行动、所处环境，以及声源与人耳相对位置的不断

变化而做着相应的即时变化，这就是我们所说的"互动"。像 Dolby Surround 这样的环绕声技术，在多音箱系统的辅助下的确能达到极佳环绕效果，但这些技术都是非互动性的，对于现在的互动游戏和交互式软件就显得力不从心了。要在软件应用中获得这些真实互动的听觉体验，就必须在回放声音时模拟出这些互动音效，这就要求音频处理系统能够实时地计算出音频的变化并回放出来。而 A3D Interactive 可以说是计算机上这一技术的先驱，一套支持 A3D 的应用程序加上 A3D 音效处理系统，就能产生极其真实的 3D 互动音效。

2.EAX 技术

EAX 全名为 Environmental Audio Extension，即"环境音效扩展"。这是创新公司在推出 SB Live 声卡时所推出的 API 插槽标准，它凭借 Soundblaster Live value 的主芯片 EMU10K1 的强大声音处理能力，实时地实现声音的混响、变调、回声及延时等 3D 音效，即使是用麦克风输入的声音，也能实时地回放出经过环境音效处理后的声音。

它主要是针对一些特定环境，如音乐厅、走廊、房间、洞窟等，作成声音效果器，当计算机需要特殊音效时，可以通过 DirectX 和驱动程序让声卡处理，可以展现出不同声音在不同环境下的反应，并且通过多件式音箱的方式，达到立体的声音效果。

EAX 是一套公开的应用程序接口（API），目的是让游戏和软件开发商在开发软件时，通过 EAX 利用 E–mu 的环境建模技术（Environmental Modeling Technology）在游戏中预置好不同场景的不同音效参数，如大厅、水下、房内等，在进行游戏时能方便地调用，例如玩家在房内时，就会调用预置好的相应环境音效参数使声音变得闭塞，而当玩家来到大厅时，声音又会变得空旷起来，从而实现逼真的环境音效。另外，对于支持 A3D 的游戏或软件，EAX 还可以通过 DirectX 间接调用 A3D，同样能实现逼真的互动音效。

环境音效的核心主要是通过调节混响（Reverb）、合声（Chorus）、原声（Original Sound）的音频参数，以及利用多音箱辅助定位来构造 3D 空间的。所以对于一些不支持 EAX 的游戏或普通的软件、影片，玩家可以通过 Live/Value 自带的混音台（Mixer）来调节各项音频参数，使音效与软件的场景相匹配，也能达到极佳的效果。不过无论如何，像 PcWorks 4.1 这样的多音箱环绕系统都是必不可少的。

3.SRS 技术

SRS（Sound Retrieval System，即"声音补偿系统"）是 SRS Labs Inc. 推广的一种三维实感技术。SRS 认为：普通立体声的聆听范围很小，听者须坐在与两音箱成等腰三角形的地方，而且即使是多音箱的环绕立体声，其每个音箱中放出的声音的各个音元也只是平面的，垂直面上的声音十分空洞。而经过 SRS 处理后的声音，其每个音元都是立体的，听者无论在何种角度都能听到极具三维感的声音。

SRS 的核心同样是利用了 HRTF，由于录音设备不具备人耳的构造，只能简单地记录下平面的声音，埋没了原声音在竖直面上的三维空间信息。SRS 的原理就是根据 HRTF 并利用频率响应纠正曲线（Frequency Response Correction Curve），恢复和加强这些被埋没的三维空间信息，使回放的声音变得立体、真实，只需一对音箱就能使人完全置身于宏大、宽广而且逼真的原声场中。

比起 A3D 和 EAX，SRS 出道较早，它广泛应用于计算机多媒体声卡、音箱以及家庭影院中。而且对软件无任何要求，只要经 SRS 声卡或 SRS 音箱回放出的声音都极具三维空间感。

4.3D 音效的感知设备与读取软件

总体来说，这三种音效各有所长：A3D 胜在互动，EAX 赢在音效，而 SRS 的声场宽广、饱满，且能与其他 3D 音效相结合，若将 SRS 与上面的 A3D、EAX 或 Dolby 结合起来（如 Live/MX300+SRS 音箱），

那效果真的只能用"震撼"二字来形容了。接下来，便对现在市场上可提供 3D 音效的听觉感知设备与软件进行简单总结。

■ Google Cardboard SDK

随着移动终端设备的用户数量持续上升，VR 在智能手机上的开发与应用也显得越来越重要，如果要提升智能手机所带来的 VR 体验，通过提升声音品质是效率最高的办法。因而，Google 在正式成立 VR 部门后，又针对 Cardboard SDK 提供立体声的支持。

开发者可以利用最新的 Cardboard SDK 所提供的空间音效（Spatial audio）API，来定位声音的来源，此外还能模拟现实场景的声音。它将用户头部的生理特点与虚拟声源的位置结合起来，以确定用户听到什么东西。例如，来自右边的声音会到达用户的左耳，而且到达的时间要略迟于右耳，同时高频元素也更少（通常，颅骨会抑制这种声音的传播）。用户在移动头部的时候，与之相应的声音也会发生强弱的变化，用户甚至还能直接感受到声音的来源方向。

Cardboard SDK 还能由开发者指定虚拟环境的大小和构成材料，这两种东西都与特定声音的质量有关。例如，如果你在密闭的宇宙飞船中谈话，那么听上去你所发出的声音与你在同样虚拟条件下站在地面上（或者其他不同的地方）所发出的声音是不一样的。

因此，Cardboard SDK 将能为 VR 的体验者提供立体声的效果，同时让 Cardboard VR 的沉浸式体验有所提升。

■ 三星 Entrim 4D

很多 VR 发烧友在使用过 VR 设备后，大多都会产生一种眩晕感，这是因为目前大部分的 VR 设备是通过眼睛去体验的虚拟场景的，而音效却没有让耳朵产生对应的效果。在虚拟现实环境中，用户的眼睛虽然能够从显示器上"看到""感觉"得到物体或自己在运动，但实际上，

身体是静止的，音效也无法对内耳前庭产生刺激，和自己在真实世界的移动、旋转不统一，这种视觉上的运动和身体上的静止形成了矛盾关系，这才造成用户觉得眩晕、不舒服，这种感受严重影响了使用者的体验感。

而就在 2016 年 3 月，三星推出了一款 Entrim 4D 耳机，如图 3-27 所示，这款耳机旨在解决 VR 体验时产生的眩晕症问题。这款设备结合了内耳前庭刺激和计算机算法，达到让用户产生身临其境之感并且不会眩晕的目的。

图 3-27　Entrim 4D

所谓的"内耳前庭刺激"是指内耳里不仅有负责听觉的耳蜗，还有负责平衡的前庭，前庭能让人产生自己正在运动的感觉。Entrim 4D 耳机就是通过电流刺激内耳，让它认为玩家真正在运动。这样一来，人就能够有更真实的 VR 体验，而且也不会感到眩晕了。

Entrim 4D 被形容为一款 VR 的动作感应耳机，耳机内置的电极会让用户与 VR 预编程的动态数据交互，将同步后的电子信号传递给耳朵内的神经，并且与屏幕中的动态画面同步，于是用户便会随屏幕内容做出生理反应，从而让用户产生身临其境之感。

■ Coolhear V1

Coolhear V1 是由从 VR 转战而来的深圳东方酷音信息技术有限公司推出的一款主动降噪耳机，如图 3-28 所示，全称是 Coolhear 3D & ANC V1。如果说 Oculus Rift 可以把用户带入"虚拟现实"，那么当戴上 Coolhear V1 3D 全息声耳机后，就可以让"虚拟现实"变成"现实"。

图 3-28　Coolhear V1

作为全球首款 360° 全息声耳机，Coolhear V1 以 360° 全息音频和 ANC 有源降噪为主要卖点。时下众多头盔产品，用户只需搭配 Coolhear V1，就可以随时随地观看 360° 影视大片，享受真正的视听盛宴，并且可以不受外界噪声的干扰。

在主动降噪的方案上一般分为前馈式和反馈式。前馈式是指麦克风与喇叭单元这两部分隔离开的设计，采集声音的麦克风被设计在腔体的外面。这样做的好处是发声单元所产生的声音不容易被麦克风收集到，对于听感影响较小。麦克风在采集外部噪声声波之后，通过函数处理，让发声单元能够产生与噪声相反的声波（相位差 180°）从而中和噪声。

而反馈式则是指将采集声音的麦克风做在腔体的内部，位于发声单

元的附近，好处是能够采集到的噪声更接近人耳能够听到的噪声。但缺点也显而易见，如果算法不够优秀可能会把音源的部分声音当成噪声，造成声音的失真现象。所以做得不好的反馈式降噪功能开启之后声音细节反而会丢失较多。

在选择降噪方式上，Coolhear V1 选择了前馈反馈结合的混合式降噪方式（即在外部和内部都有麦克风来收集噪声），这种降噪方式虽然能最大限度地收集噪声，但对算法函数的要求也非常高。

除此之外，Coolhear V1 还具有强大的声像场互动能力，以及海量 3D 音源作内容支持：推出了 Coolhear 3D APP 和 Coolhear 3D 音效 SDK（对于音乐 APP、FM 等的意义不容小觑）。最直接的是，它可以让用户 UGC，生成互动性强、极具场感的音频内容，戴上 Coolhear V1 听 3D 音乐，声音会随头部转动改变方向。例如，喜爱玩游戏的朋友会发现，普通的游戏耳机为了模拟不同方位的声音，通常需要安装多个喇叭来实现，这样既损伤了耳机的便携性，对听力的伤害也显而易见。而这款产品对于空间声场的还原，却是通过先进算法来实现的，仅凭两个喇叭就可以实现 360° 的清晰辨位，所以即使长时间佩戴也可以做到不热、不晕、不夹头。

据了解，Coolhear 3D 为适配 Coolhear V1 耳机，将陆续推出上千首高质量 3D 歌曲，满足用户的听音需求。同时，新版 APP 更增加了对本地音频播放的支持，普通的 2D 歌曲也可以通过"3D 环绕"功能进行一键实时转换。稍后还会推出更多好玩的功能，例如摇一摇听歌、跟着歌曲打节拍等。

3.3.3　语音识别

自从 1952 年贝尔研究所的戴维斯等人研究成功了世界上第一个能识别 10 个英文数字发音的实验系统后，时隔八年，英国的德内斯等人研究成功了第一个计算机语音识别系统。

在进入了 20 世纪 70 年代以后，语音识别在小词汇量、孤立词的识别方面取得了实质性的进展。进入 20 世纪 80 年代，研究的重点逐渐转向大词汇量、非特定人连续语音识别。

而到了 20 世纪 90 年代，语音识别技术在应用及产品化方面出现了很大的进展，最终在 21 世纪使语音识别能用于移动终端的人工智能助手上，如苹果手机的 Siri，如图 3-29 所示。

图 3-29　iPhone 的 Siri

VR 的核心是虚拟现实，即意味着鼠标、键盘等实体外设控制器对 VR 产品的操作可能并不适用，VR 需要摆脱手，那么语音识别就自然而然成为交互形式上最理想的手段。一直以来，与机器进行语音交流，能让机器明白你说什么，是人们长期以来梦寐以求的事情。语音识别方法主要是模式匹配法，而它的模型通常由声学模型和语言模型两部分组成，分别对应于语音到音节概率的计算和音节到字概率的计算。而语言

模型主要分为规则模型和统计模型两种，统计语言模型是用概率统计的方法来揭示语言单位内在的统计规律，其中 N-Gram 简单有效，被广泛使用。Uconnect 百度首席科学家吴恩达认为，语音是计算机领域最有前景的技术之一，将推动手机的革命，以及物联网的变革，其应用领域包括汽车界面、家用设备和可穿戴设备等。未来语音识别会对我们的技术带来翻天覆地的变化。

VR 的语音识别系统让计算机具备人类的听觉功能，是人与机器以语言这种人类最自然的方式进行信息交换。VR 系统中的语音识别装置，主要用于合并其他参与者的感觉道（听觉道、视觉道），它必须根据人类的发声机理和听觉机制，给计算机配上"发声器官"和"听觉神经"。当参与者对微音器说话时，计算机将所说的话转换为命令流，就像从键盘输入命令一样。语音识别系统在大量数据输入时，可以进行处理和调节，像人类在工作负担很重的时候将暂时关闭听觉道一样。不过在这种情况下，将影响语音识别技术的正常使用，在 VR 系统中，最有力的也是最难的是语音识别。

处在虚拟现实场景里，被海量的信息淹没了的用户，许多都不会理会视觉中心的指示文字，而是环顾四周不断发现和探索。如果这时给出一些图形上的指示还会干扰到他们在 VR 中的沉浸式体验吗？所以最好的方法就是使用语音，和他们正在观察的周遭世界互不干扰。这时如果用户和 VR 世界进行语音交互会更加自然，而且它是无处不在、无时不有的，用户不需要移动头部和寻找它们，在任何方位任何角落都能和它们交流。

目前有一个叫 Project Intimate 的技术，可以让用户根据语音指令看到游戏角色的移动和反应。它的潜在应用包括通过语音指令来与虚拟角色进行交互，单独通过语音指令来操作增强现实中的虚拟宠物或者电子桌上游戏，如图 3-30 所示。该技术基于一个连接到"自然语言单词"的动画动作库，根据语音指令生成一个动画到另一个动画的转变。动画程序化混合和适应可以确保动画适应周围的环境。

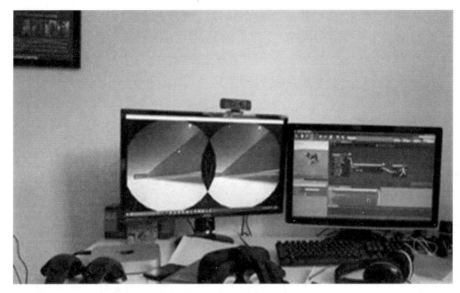

图 3-30　Project Intimate

　　VR 之所以这么受人追捧，最主要的原因是它具有前所未有的沉浸感和临场感，而这两点主要是通过人们的视觉追踪和听觉辨位来实现的，二者相互配合，缺一不可。目前能够将用户带进虚拟现实场景的视觉技术已经相当成熟，例如利用 VR 头盔，用户可以通过头部运动来追踪一个运动中的物体，但是听觉部分还存在诸多问题，诸如声音毫无方向感，无法精准定位空间位置，甚至无法实现基本的听音辨位等，这使听觉与视觉无法实时配合，严重影响了用户的沉浸感体验。

　　声网 Agora.io 语音 SDK（如图 3-31 所示）通过集成语音通话 SDK，获得拥有实时高清音质、32khz 超带频的语音编解码器 NOVA，是普通电话音质的 4 倍，可以实现 VR 画面中声音的立体化环绕，并提供多声道音效系统，同时通过智能化回声消除和降噪功能，实现 VR 体验中的"听声辩位"，让用户可以通过声音精准定位空间位置，感受到来自四面八方环绕的声音，实现良好的画面沉浸感受。同时实时语音还可以完美地与游戏背景音乐融合，大大增加用户的临场感。

图 3-31　声网 Agora.io 语音

　　在现阶段，对于 VR 的应用主要表现在游戏方面，受限于手机终端，手机游戏主要通过文字、图片等 IM 通信进行互动，游戏和社交不能同时进行；玩家交互体验碎片化，尤其是在数据、音频、视频的传输上，延迟是玩家最不能忍受的。而通过集成声网 Agora.io 的语音通话 SDK，依托全球部署的虚拟通信网络，玩家就可以通过实时语音进行交流，双手得以解放，游戏、社交可谓两不耽误。

　　不仅如此，面对时下最流行的电竞直播行业，声网 Agora.io 已与竞技时代公司进行合作，共同致力于开发 VR 电竞直播项目，旨在实现 WVA 赛事万人同时在线观看。VR 电竞直播将从第一视角、第三视角、上帝视角等为用户提供独特的多人对战体验，让用户全方位感受与众不同的逼真超炫酷的"声影结合"VR 直播技术。

　　Holoera 是 2016 年 7 月由 Gowild 在北京发布全球首款 AI 全息 3D 黑科技产品。它是一个 AI 全息 3D 主机，以最新的 AI 引擎与 VR 技术相结合，采用最新一代纳米技术及 Intel 高性能 CPU，外壳是太空铝合金配以高分子注塑技术，包括人脸识别、人体感应、升温识别等在内的多模态识别系统，使之更具人性化、智能化。

如图 3-32 所示，这位名为"琥珀"的二次元魔法美少女就住在 Holoera 内，她可以拥有最合适的声音，可御姐、可萝莉，同时 Holoera 主机中添加了语言对话识别系统，用户能通过语音声控训练技能，让琥珀更换不同的衣服，并与周围的人进行无障碍交流互动和情感陪伴。

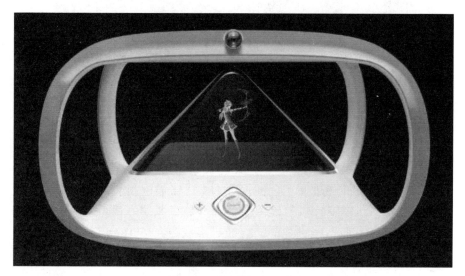

图 3-32　琥珀在 Holoera 内

3.4　能看能听，还要摸得着——交互设备

人体感知自然界的一切，除了通过视觉和听觉两大方面外，还必须依赖我们身体在触觉上对物体的感知。而在人与计算机的交互设计发展史上，每一次设备的更新换代都是源于技术与人性的碰撞：从最初的纸带打孔，发展到键盘输入、鼠标输入，再到现在的触摸操作、语音识别，以及即将到来的 3D 手势、眼动识别，未来还会实现脑波控制、意

念识别等。每一次技术革新及产品升级，都会带来重大的人机交互方式的变化。本节将延续前面两节"视觉"和"听觉"的内容，介绍"触觉"在 VR 系统上的应用。

3.4.1 触觉技术的发展历史

触觉是我们感知周遭一切的重要方式，它包括的感知内容更加丰富，如接触感、质感、纹理感及温度感等。在 VR 系统中如果没有触觉反馈，当用户接触到虚拟世界的某一物体时易使手穿过物体，从而失去真实感。解决这种问题的有效方法是在用户交互设备中增加触觉反馈。

触觉技术又被称作所谓的"力反馈"技术，在游戏和虚拟训练中一直有相关的应用。具体来说，它会通过向用户施加某种力、震动或运动，让用户产生更加真实的沉浸感。触觉技术可以帮助在虚拟的世界中创造和控制虚拟的物体，训练远程操控机械或机器人的能力，甚至是模拟训练外科实习生进行手术。

触觉技术通常包含 3 种，分别对应人的 3 种感觉，即皮肤觉、运动觉和触觉。触觉技术最早用于大型航空器的自动控制装置，不过此类系统都是"单向"的，外部的力通过空气动力学的方式作用到控制系统上。1973 年 Thoms.D.SHANNON 注册了首个触觉电话机专利。很快，贝尔实验室开发了首套触觉人机交互系统，并在 1975 年获得了相关的专利。

1994 年，Aura System 发布了 Interactor Vest（交互马甲），一个可以穿戴的力反馈装置，可以检测音频信号，并使用电磁动作器将声波转化为震动，从而产生类似击打或踢的动作，如图 3-33 所示。这套装置发布后大受欢迎，很快卖出了 40 万台，然后 Aura 推出了新的 Interactor Cushion（交互靠垫），如图 3-34 所示，其操控原理和 Vest 类似，但不是可穿戴的，而是作为靠垫让人倚靠。Vest 和 Cushion 的报价都是 99 美元。

图 3-33　可穿戴的力反馈装置 Interactor Vest

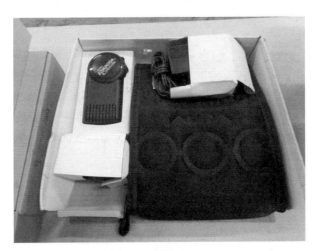

图 3-34　可倚靠的力反馈装置 Interactor Cushion

　　此外，部分游戏操控器设备上也开始采用触觉技术。早在 1976 年，Sega 就在摩托车竞技游戏《Moto-Cross》中采用了触觉反馈技术，可以让车把在和另外的车辆碰撞后产生震动。1983 年，Tatsumi

在 TX-1 中采用力反馈技术来提升汽车驾驶的游戏体验。2007 年，Novint 发布了 Falcon，这是首款消费级 3D 触觉游戏控制器。它是一种全新的 PC 游戏输入设备，准确来说是一个带枪柄的手持瞄准器，如图 3-35 所示。Novint Falcon 可以在游戏中通过力反馈让玩家获得更多的游戏场景反馈，甚至可以让人感受到游戏中每种武器不同的后坐力。

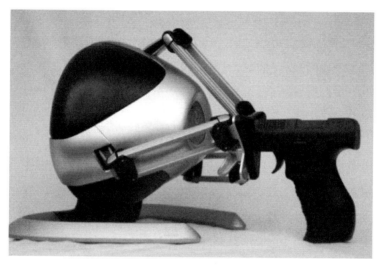

图 3-35　可产生力反馈的 Novint Falcon

2013 年，Valve 宣布发布 Steam Machines 微主机设备，配套的是一款新的名为 Steam Controller 的控制器，通过电磁技术产生较大范围内的触觉反馈。

2015 年 3 月，苹果发布了自前任 CEO 乔布斯离世后的首款新品类产品 Apple Watch。Apple Watch 上使用了 Force Touch（压感触控）技术，并很快用到了 Macbook 产品线上。而到了 2015 年 9 月，苹果发布了全新的 iPhone 6s 系列手机，其中使用了 3D Touch 技术。该技术是 Force Touch 技术的升级版，可以实现轻点、轻按和重按 3 种程度的触摸操作。

3.4.2　触觉反馈的原理

触觉反馈主要是通过气压感、振动触感和神经肌肉模拟等方法来实现的。下面分别对这几种方式进行介绍。

1.气压式触摸反馈

气压式触摸反馈是一种采用小空气袋作为传感器的装置。它由双层手套组成，其中一个输入手套来测量力，有20~30个力敏元件分布在手套的不同位置，当使用者在VR系统中产生虚拟接触的时候，检测出手的各个部位的受力情况。用另一个输出手套再现所检测的压力，手套上也装有20~30个空气袋放在对应的位置，这些小空气袋由空气压缩泵控制其气压，并由计算机对气压值进行调整，从而实现虚拟手物碰触时的触觉感受和受力情况。该方法实现的触觉虽然不是非常逼真，但是已经有较好的结果。

2.振动式触摸反馈

振动反馈是用声音线圈作为振动换能装置以产生振动的方法。简单的换能装置就如同一个未安装喇叭的声音线圈，复杂的换能器利用状态记忆合金支撑。当电流通过这些换能装置时，它们都会发生形变和弯曲。可以根据需要把换能器做成各种形状，把它们安装在皮肤表面的各个位置。这样就能产生对虚拟物体的光滑度、粗糙度的感知。

3.神经肌肉模拟反馈

神经肌肉模拟反馈主要是通过向皮肤反馈可变点脉冲的电子触感反馈和直接刺激皮层。例如德国哈索普列特纳研究所人机互动（HCI）实验室的一组研究团队制作了一款可被佩戴在手臂或腿脚上的名为Impacto的原型机（如图3-36所示），可以接入到虚拟现实设备当中，并模拟出与虚拟物体的接触感，使佩戴者真正感觉到物体的存在。

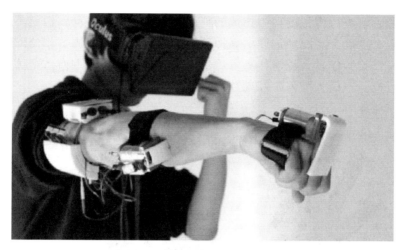

图 3-36　Impacto

　　这款设备分为两部分：一部分是震动马达，能产生震动感；另外一部分是肌肉电刺激系统，通过电流刺激肌肉收缩运动。两者的结合能够给人们带来一种错觉，误以为自己击中了游戏中的对手，因为这个设备会在恰当的时候产生类似真正拳击的"冲击感"。但这种方式反馈的触觉还比较粗糙，因为生物技术水平无法利用肌肉电刺激来高度模拟实际的感觉。相比神经肌肉模拟反馈、气压式触摸反馈和振动反馈要安全得多。

　　了解了触觉反馈技术的应用原理，接下来便对目前市场上较主流的几类反馈装置进行介绍。

3.4.3　数据手套

　　数据手套（Data Glove）是美国 VPL 公司 1987 年推出的一种传感手套的专有名称，现在数据手套已经成为一种广泛使用的输入传感设备，用于检测用户手部活动的传感装置，并向计算机发送相应的电信号，从而驱动虚拟手模拟真实手的动作，如图 3-37 所示。数据手套是实现虚拟现实技术的交互设备之一，是一种多模式的虚拟现实硬件，通过软

件编程，可进行虚拟场景中物体的抓取、移动、旋转等动作，它不仅把人手姿态准确、实时地传递给虚拟环境，而且能够把与虚拟物体的接触信息反馈给操作者，使操作者以更加直接、自然、有效的方式与虚拟世界进行交互，极大增强了互动性和沉浸感。

图 3-37　数据手套

它作为一只虚拟的手或控件用于 3D VR 场景的模拟交互，可进行物体抓取、移动、装配、操纵、控制，有有线和无线、左手和右手、5个传感器和 14 个传感器之分。5 触点数据手套主要是测量手指的弯曲（每个手指一个测量点），14 触点数据手套主要是测量手指的弯曲（每个手指两个测量点）。手套通过 USB 线缆与计算机相连，也有单独为串口用户设计的接口，可用于多种 3D VR 或视景仿真软件环境中。一般来讲数据手套通常必须与六自由度的位置跟踪设备同时结合使用，以识别三维空间的位移信息，达到真正的虚拟人手的动作和位置跟踪。

数据手套的出现，为虚拟现实系统提供了一种全新的交互手段，目前的产品已经能够检测到手指的弯曲，并利用磁定位传感器来精确定位出手在三维空间中的位置。这种结合手指弯曲度测试和空间定位测试的数据手套被称为"真实手套"，可以为用户提供一种非常真实、自然的三维交互手段。在虚拟装配和医疗手术模拟中，数据手套是不可缺少的虚拟现实硬件组成部分。

1. 数据手套的分类

数据手套一般按功能需要可以分为：虚拟现实数据手套（又被称为"动作捕捉数据手套"或"真实手套"）和力反馈数据手套两种，这两种数据手套本身不提供与空间位置相关的信息，必须与位置跟踪设备连用。

■ 虚拟现实数据手套

虚拟现实数据手套设有弯曲传感器，弯曲传感器由柔性电路板、力敏元件、弹性封装材料组成，通过导线连接至信号处理电路；在柔性电路板上设有至少两根导线，以力敏材料包覆于柔性电路板，再在力敏材料上包覆一层弹性封装材料，柔性电路板留一端在外，以导线与外电路连接。它不但能把人手姿态准确、实时地传递给虚拟环境，而且能够把与虚拟物体的接触信息反馈给操作者，使操作更加直接，更加自然，以更加有效的方式与虚拟世界进行交互，大大增强了虚拟现实的互动性和沉浸感。并为操作者提供了一种通用、直接的人机交互方式，特别适用于需要多自由度手模型对虚拟物体进行复杂操作的虚拟现实系统。

■ 力反馈手套

力反馈手套的主要作用是借助数据手套的触觉反馈功能，用户能够用双手亲自"触碰"虚拟世界，并在与计算机制作的三维物体进行互动的过程中，真实感受到物体的振动。触觉反馈能够营造出更为逼真的使用环境，让用户真实感触到物体的移动和反应。此外，系统也可用于数据可视化领域，能够探测出地面密度、水含量、磁场强度、危害相似度，或光照强度相对应的振动强度。

2. 数据手套的应用

数据手套可用于不同的应用领域，包括：机器人技术、动作捕捉、虚拟现实、创新游戏、复原，以及对残障人士的辅助等。现在市场上已经有很多款数据手套了，其中比较有代表性的有 5DT、FakeSpace 的

PINCH Glove、Measurand ShapeHand 等产品。

■ 5DT 数据手套

5DT 公司是一家专业生产 VR 产品的高科技公司，负责开发、生产并销售 VR 硬件、软件和系统，并为客户开发整套完备的 VR 系统。其中 5DT 数据手套便是他们的一个主要开发方向，如图 3-38 所示。这款手套的设计是为了满足那些从事运动捕捉和动画工作的专家们的严格需求。它使用简单、操作舒适、驱动范围广，弹力纤维布料适合各种手型。高数据质量使它成为虚拟现实用户的理想工具，该产品具有佩戴舒适、简单易用、波形系数小，以及驱动程序完备等特点。

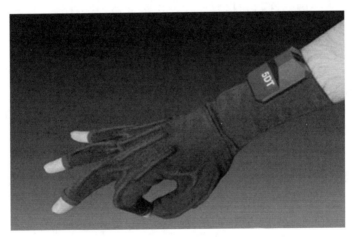

图 3-38 5DT 数据手套

5DT 数据手套具有高级的传感器技术，数据干扰被大大降低，能够在一个更大的范围内提供更加稳定的数据传输。它具备基于高带宽的最新的蓝牙技术功能，无线连接范围达 20 米，电池能提供 8 小时的无线通信，在需要的时候电池能在数秒钟之内更换完毕。5DT 数据手套拥有跨平台的 SDK，兼容 Windows、Linux、UNIX 操作系统，能在没有 SDK 的情况下进行通信，并且它开放式的和跨平台的串行接口可完全满足工作站和嵌入式应用。

■ PINCH Glove 数据手套

Fakespace 的 PINCH Glove 数据手套采用的是合成布料，在每个指尖都设有电子传感器，捏住任何两个（或两个以上）手指都能够完成一个完整的路径和一个复杂的动作，如图 3-39 所示。这些传感器可以传递手指之间的动作数据，同时还可以将复杂的动作数据与个别手指动作相联系，进行编辑和应用。用户可以自己定义一个手势用来抓取虚拟物体，或是做出拉或折手指的动作，代表动作的开始等。以手势为主的接口系统，PINCH Glove 数据手套可以让开发者或使用者在虚拟的场景中，利用各种不同的手部动作与场景中的虚拟对象产生各种样式的互动模式。

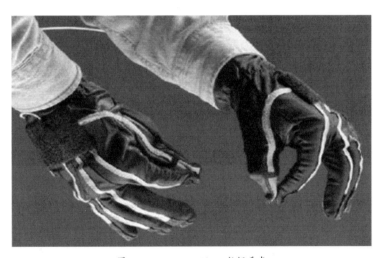

图 3-39　PINCH Glove 数据手套

PINCH Glove 数据手套是一个性能可靠、使用成本低的识别真实行为的系统，使用者可轻易地分辨不同的手势，进而深入了解其所代表的意义：使用数据手套，这种动作可以抓住一个虚拟的物体，捏住中指和大拇指则执行一个动作。手 – 行为接口系统可以让开发者和沉浸式应用系统的用户在虚拟环境中实现手的互动。除此之外，Fakespace 的其他产品和虚拟环境技术还包括硬件接口、软件和外围设备。

■ ShapeHand 数据手套

Measurand 的 ShapeHand 数据手套，是一款无线便携式轻型手动作捕捉系统，它附带专用软件，配有柔韧性极强的条带，可实时实现动作捕捉浏览、录制和同步化。其手套动作捕捉系统在外形尺寸上有很大局限性，只适合一小部分人使用，而 ShapeHand 能够适用于不同手形和手掌尺寸的使用者。该产品极具灵活性的传感器并非实际固定在手套上，而是采用与手套连接的方式，可与手套组件进行轻松地连接或分离，从而可以适应不同手型的需要。ShapeHand 动作捕捉系统配有中号和小号手套，可适用于大部分手型尺寸，如图 3-40 所示。

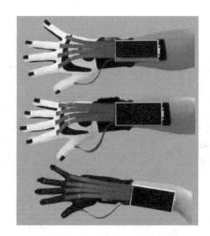

图 3-40　ShapeHand 数据手套

ShapeHand 数据手套系统由两部分组件构成，即传感器数据捕捉组件和手套组件。ShapeHand 的手套组件采用皮制的运动手套，可任意更换以满足不同佩戴者的尺码，不需要时也可随时摘下。ShapeHand 集成了 ShapeWrap II 动作捕捉系统，可对双手和身体进行同时、实时的动作捕捉，在左右两手上都可佩戴，除非用户需要同时捕捉双手动作，否则通常情况下只需使用一个 ShapeHand 即可捕捉左右两只手，同时 ShapeHand 也可与其他动作捕捉系统和服饰结合使用。

3.4.4 力矩球

在虚拟现实中，我们需要知道用户的头部与手部位置及用户的方位，并将数据报告给虚拟现实系统，以便确定处于虚拟世界中的用户的视点与视线方向，方便虚拟世界场景的显示能够跟得上用户的视觉。

而要检测用户头与手在三维空间中的位置和方向，一般要跟踪 6 个不同的运动方向，如图 3–41 所示，即沿 X、Y、Z 坐标轴方向的移动和绕 X、Y、Z 轴的转动。由于这几个运动都是相互正交的，因此共有 6 个独立变量，即对应于描述三维对象的宽度、高度、深度、俯仰角、转动角和偏转角，所以称为"六自由度"，可以扭转、挤压、拉伸，以及来回摇摆，用来控制虚拟场景做自由漫游，或者控制场景中某个物体的空间位置及方向。

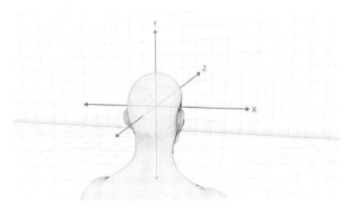

图 3–41　六自由度

力矩球（也称作"空间球"SpaceBall）就是一种可提供为六自由度的外部输入设备，它安装在一个小型的固定平台上。力矩球通常使用发光二极管来测量力，通过装在球中心的几个张力器测量出手所施加的力，并将其测量值转化为 3 个平移运动和 3 个旋转运动的值送入计算机中，计算机根据这些值来改变其输出显示。力矩球在选取对象时不是很直观，一般与数据手套、立体眼镜配合使用。

平时，我们一般都是使用鼠标和键盘来作为计算机的输入设备，这些设备往往只能实现 X 轴和 Y 轴的二维操作，而在 3D 设计人员的眼中，如何使输入设备达到在立体空间的操作，使在设计时的 3D 建模和回看变得更加简单是非常值得研究的。力矩球就通常被应用到 VR 手柄之中，来达到感应玩家所处的位置和角度的作用。下面便介绍几款有代表性的输入设备。

1.SpaceBall 5000 运动控制器

来自于 3D connetion 的 SpaceBall 5000 运动控制器，如图 3-42 所示，SpaceBall 5000 是以最大限度地提升苛刻的三维软件应用为目的来进行设计的，它可以让用户将两手充分利用起来，从而最大限度地挖掘应用软件的性能。

图 3-42　SpaceBall 5000

这款控制器能使用户拥有所期望的舒适性和效率。它通过 12 个可编程按键，可以将功能和大量使用的键设置在适当的位置。通过和传统的鼠标结合使用，可以以更有效和平衡的方式来工作。通过一只手中的控制器进行平移、缩放、旋转模型、场景、相机的同时，另一只手可以用鼠标进行选择、检查、编辑。全球有超过 25 万名设计和动画制作人员感受着由 3D connetion 所带来的双手并用的工作模式，并有超过 100 种软件支持该种模式。

此外，SpaceBall 5000 还消除了一些会给使用鼠标的手增加无谓压力的单一和重复的步骤。使用了 3D connetion 运动控制器的用户，可以在生产效率方面最高提升 30%，而在鼠标的重复移动上至少降低了一半。

2.PS Move

PS Move（PlayStation Move，动态控制器）是索尼在 2010 年为 PlayStation 3 打造的体感设备，手柄上端附带着发光的小球，有些类似于电视机的远程控制棒，是一款专门为 PS VR 射击游戏《Farpoint》设计的游戏外设，如图 3-43 所示。

图 3-43　PS Move

PS Move 不仅会辨识上下左右的动作，还会感应手腕的角度变化，它的手柄内部有一个三轴陀螺仪、一个三轴加速，以及一个地球磁场感应器，再加上 PSEYE 的空间定位，能够将 PS Move 手柄的任何操作细节 1:1 地还原到游戏中。所以无论是运动般的快速活动还是用笔绘画般细腻的动作也能在 PS Move 中一一重现。动态控制器亦能感应空间的深度，令玩者恍若置身于游戏中，感受逼真的、轻松的游戏体验。

PS Move 是索尼新一代体感设备，它和 PlayStation 3 USB 摄影机结合，创造全新的游戏模式。PS Move 需要与 PS EYE 摄像头配合使用，摄像头通过 RGBLED 发光源的灯泡作为主动马克点来确定其在三维空间中的位置，游戏开发者可以根据游戏进行过程中的情况改变

球的色彩。

PS Move 手柄内置惯性传感器，动作感应运算是由 CELL 处理器中的一个 SPE 协处理器负责的，就算是同时 4 个手柄的运算也只需要使用一个 SPE 协处理器，不过这样会导致延迟加剧，因此索尼鼓励玩家同时使用两个 PS Move，不过对于更需要多人玩的聚会型游戏，由于对感应速度度没有太高要求，所以 4 人玩也不会有太大问题，但如果是需要同时使用 PS Move 手柄和副手柄，就只能同时两人玩。

3.Razer Hydra

Razer（雷蛇）在 2011 年 4 月发布的 Hydra 是世界上首个个人计算机的体感控制器，它可以让用户的肢体动作如实地反映在游戏中。具体来说，Razer Hydra 使用了磁感应技术，球形底座基站放出弱磁场，并用此来感应控制器的距离和方向。它可以精确地感应出玩家手中控制器的准确位置和角度，如图 3-44 所示。并且控制器的延迟非常低，而感应精确度极高，甚至可以感应出细微至毫米的动作，将带给使用者前所未有的体验。

图 3-44　Razer Hydra

虽然 VR 并非 Razer Hydra 的初衷，但有不少人使用它作为 VR

交互设备，例如 Linden Labs 公司（知名游戏《第二人生》的运营商）的 CEO——菲利普·罗斯戴尔。在去年的 SEA-VR 大会上，Rosedale 通过 Hydra 向人们演示最新 VR 游戏《虚拟玩具室（Virtual toy room）》。就目前来说，Razer Hydra 已经可以支持超过 125 款流行的 PC 游戏，同时给用户带来舒适的游戏感受。

通过 Razer Hydra，玩家可以在坐着时只需将双手放在椅子扶手上，就可以靠手腕的运动很舒适地完成操作，而不像其他体感设备那样需要很大的动作幅度。Razer Hydra 控制器并不重，造型也比较符合人体工学，拿在手中很舒服，适合长时间游戏。

3.4.5 操纵杆

VR 的操纵杆是一种可以提供前后左右上下 6 个自由度及手指按钮的外部输入设备，适合对虚拟飞行等的操作。由于操纵杆采用全数字化设计，所以其精度非常高。无论操作速度多快，它都能快速做出反应。操纵杆的优点是操作灵活方便、真实感强，相对于其他设备来说价格低廉；缺点是只能用于特殊的环境，如虚拟飞行。操纵杆与之前所提到过的力矩球很多时候都被用来组合运用在 VR 手柄上。

操纵杆的基本原理是将塑料杆的运动转换成计算机能够处理的电子信息。这种基本的设计包括一个安放在带有弹性橡胶外壳的塑料底座上的操纵杆，以及在底座中操纵杆正下方位置装有一块电路板，电路板由一些"印刷线路"组成，并且这些线路连接到几个接触点上。然后，从这些触点引出普通电线连接到计算机。

印刷线路构成了一个简单的电路（该电路由一些更小的电路构成）。这些线路仅仅将电流从一个触点传送到另一个触点。当操纵杆处于中间位置时，也就是当你还未将操纵杆推向任何一边时，除了一个电路之外的所有其他电路均处于断开状态。由于每条线路中的导体材料并没有完全连接，因此电路中没有电流通过。

　　每个断开部分的上方覆盖着一个带有小金属圆片的简单塑料按钮。当用户朝任意方向移动操纵杆时，操纵杆便会向下挤压其中的一个按钮，使导电的金属圆片接触到电路板。如此一来，就可以闭合电路，完成两个线路部分的连接。电路闭合之后，电流就会从计算机（或游戏控制台）沿着一条线路流过，穿过印刷线路，通过另外一条线路返回计算机（或游戏控制台）。不同操纵杆技术的差别主要体现在它们所传送的信息的多少。

　　在游戏方面，有很多 VR 游戏并以一定要求使用者进行空间上的移动，例如当我们模拟飞船驾驶舱时，最直观的操作感受就是可以坐在驾驶舱里手握各种摇杆去控制飞船的飞行系统。而想要让 VR 飞行游戏变得更加逼真，那么一个控制操作杆自然是不可或缺的。在 2016 年的 E3 游戏大会上，Frontier Developments 和游戏周边设计及制造商 Thrustmaster 合作为《精英：危机四伏》（Elite：Dangerous）这款虚拟现实（VR）太空模拟游戏制作了一款名为 T.16000M FCS HOTAS 的操纵杆，如图 3-45 所示。

图 3-45　玩家在用 T.16000M FCS HOTAS 操纵杆玩游戏

　　这款操纵杆既可用于"飞行控制系统"，也可用于"油门和变速

杆系统"，实属两用系统。并且操纵杆兼容计算机，使用一条 USB 线缆即可连接。并且，对于一些复杂的飞行模拟游戏，这款操纵杆能够让玩家更加自如地控制飞船的飞行方向与速度，而且手握操纵杆的手感让人有种自己在驾驶真正的飞船的错觉。它能够灵敏地控制飞船的飞行方向及速度，而在手指方便按到的地方还有一些按钮可供玩家自定义，例如发射子弹等功能。

3.4.6　其他的触觉反馈装置

2013 年，Tactical Haptics 开发了一款触觉控制器，如图 3–46 所示。该设备是通过 3D 打印制作而成的，包括手工组装的支架，以及背面为 Vive 控制器准备的皮套，Vive 控制器提供了 Tactical Haptics 触觉反馈控制器所需要的位置跟踪功能，所以它可以完全专注于触觉反馈。

图 3–46　Tactical Haptics 反馈控制器

通过提供动觉（皮肤操纵和摩擦）该控制器可以欺骗大脑，自动产生触觉。在这款运动控制器内部，有一个新型的触觉反馈设备，它可以模拟手上摩擦力的感觉，让用户觉得自己是真的在 VR 环境中握着

里面的物品，给用户带来与普通的运动控制器去触碰完全不一样的沉浸体验。

一家名为 MIRAISENS 的日本科技公司在 2014 年公布了一项 3D 触觉技术，这项技术包括一个虚拟现实的头戴设备，一个戴在手腕上的小盒子，以及连接到指尖的硬币形、笔形或者棍形的植入装置，如图 3-47 所示。这套装置能够让使用者"感觉"到虚拟物体，例如来自按钮的阻力，让用户可以通过视觉图像和外戴于指尖的震动装置协同作用产生触觉反馈，让用户能够"摸"到虚拟物品。

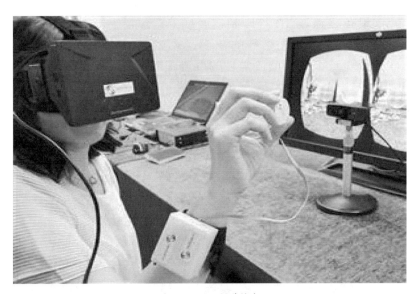

图 3-47 3D 触觉技术

体验者需要戴上一款虚拟现实头戴设备（例如 Oculus 的系列产品），在与手腕套上相应的体验装置，通过手腕装置对手持装置的触觉模拟，从而实现与虚拟现实的无缝拼接。这款触觉模拟装置也可同其他穿戴式设备完美兼容，其功能不仅限于通过压力来产生触感，其甚至可以模拟肌肉的运动感。此技术还可应用到工业生产中，因为物理触感的加入，能够在生产过程中对机器人实现更精确的远程操作。

VR 的触觉反馈设备还有很多，例如 Oculus Touch 的触觉反馈、Tactical Haptics 触觉控制器等。除了以上介绍的几款主要作用于手的触觉反馈设备外，还有结合了智能感应环、温度传感器、光敏传感器、压力传感器、视觉传感器等各种传感器的 VR 套装——Teslasuit 智能紧身衣。Teslasuit 紧身衣分为 Prodigy（奇迹）和 Pioneer（先锋）两个版本，在传感器数量和功能上略有不同，Prodigy 在全身布有 52 个传感器，Pioneer 则仅有 16 个，如图 3-48 所示。穿上这套设备，即可切身体会到虚拟现实环境的变化，例如可感受到微风的吹拂，甚至在射击游戏中还能感受到中弹的感觉等。

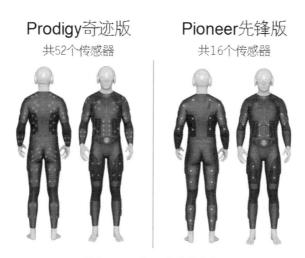

图 3-48　Teslasuit 智能紧身衣

3.5　位置追踪设备

当用户戴着 VR 头盔进行位置移动时，他在那个虚拟的环境（画面）中也会做出同样的位置移动，例如用户向左转了 90°，那么他在画面

中的视角也会转动 90°，这便是"位置追踪"。而顾名思义，就是追踪用户在虚拟现实世界的位置变化。

事实上，判断用户位置只是位置追踪的一个表面作用，它更深层次的意义在于消除用户在虚拟现实体验中的眩晕感。因为只有位置追踪精准，我们在现实中做的动作和虚拟环境中的动作一致时，在虚拟现实中的沉浸感才能提升上去，从而彻底消除眩晕感。所以单纯地靠提升刷新率和帧率是解决不了眩晕的，这也是为什么人们玩 HTC Vive 时不会头晕恶心，而手机盒子上的刷新率和帧率宣传得再高人们也会照样难受的原因。

很多人容易把位置追踪和动作捕捉弄混，实际上它们还是有一定差别的：位置追踪设备追踪的是头盔的位置和距离，如果头盔不动，用户即使在体验过程中做一些其他身体部位的运动，在画面中也是没反应的。而动作捕捉就不一样了，只要身体部位有配套的传感器，只要用户在现实中做了运动，相应地，在虚拟现实画面中也会做出同样的运动。

那么目前的位置追踪是如何实现的呢？答案是，大多是靠红外摄像头和头盔上的感应点来实现精准定位，即一个发射信号，一个收集信号。而虚拟现实中的位置追踪技术大致有五种：磁力追踪、声学追踪、惯性追踪、光学追踪和利用 DepthMap 的追踪，分别介绍如下。

1. 磁力追踪

磁力追踪是通过衡量不同方向上磁场的强弱来实现的。通常会用一个基站发出交流、直流或脉冲直流励磁。当检测点和基站之间的距离增大时，磁场就会减弱。而当检测点发生转动，磁场在不同方向上的分布就会发生变化，因此也能检测方向。使用磁力追踪的产品代表有 Razer 雷蛇的 PC 体感控制器 Hydra。从用户实际体验来看，Hydra 具有相当不错的体验感受，如图 3-49 所示，只是有线连接的方式会给体验带来一些困扰。

图 3-49　通过磁力追踪定位的 Hydra 可以提供相当流畅的沉浸体验

　　磁力追踪在特定环境下可以达到较高的精度（Hydra 可以支持 1mm 的位置精度及 1° 的转向精度）。但如果其周围有导体、电子设备或磁性物体就会受到干扰。

2. 声学追踪

　　声学追踪测量一个已知声音信号到达已知接收器所用的时间。通常会使用多个发射器，并对应多个安装在被追踪物上的接收器（麦克风）。当发射时间可知，通过接收到信号的时间就可以得出距离发射器的距离。当被追踪物体上安装有多个接收器，通过它们收到信号时间的差异就可以判断被追踪物体的方向。采用声学追踪方案的产品有 Intersense 公司的 IS-900 位置追踪器，如图 3-50 所示。

图 3-50　IS-900 位置追踪器

声学追踪设备调试过程很费时，而且由于环境噪声会产生误差，精度不高。所以声学追踪技术通常和其他设备（如惯性追踪设备）共同组成"融合感应器"，以实现更准确的追踪。

3. 惯性追踪

惯性追踪使用加速度计和陀螺仪实现。加速度计测量线性加速度，根据测量到的加速度可以得到被追踪物的位置（准确地说，是相对一个起始点的位置）；陀螺仪测量角速度，陀螺仪是基于 MEMS 技术的部件，一个旋转物体的旋转轴所指的方向在不受外力影响时，是不会改变的。同样，根据在受到外力影响时，它的旋转轴会发生转动，根据转动时的角速度可以算出角度位置（准确地说，是相对一个起始点的角度）。

惯性追踪的优点是十分便宜，能提供高更新率及低延迟。但缺点是会产生漂移，特别是在位置信息上，因此很难仅依靠惯性追踪确定位置。

目前的移动 VR 设备均应用了惯性追踪方案，或直接就采用手机的陀螺仪与加速度计。借助该技术方案，移动 VR 主要用来检测头部动作（包括方向和运动），并能作为部分 VR 内容的交互手段，但首先需要解决好漂移问题，否则会带来晕眩感。而位置追踪方面，移动 VR 包括三星 GearVR 正在寻求新的解决方案。

4. 光学追踪

根据所用镜头的不同，光学追踪可以分为以下几类。

■ 利用标记的光学追踪

被追踪物体上按某种规则布满标记点，一个或多个摄影镜头持续地捕捉标记点，并利用一些算法（如 POSIT 算法）得出物体的位置。算法会把镜头捕捉到的标记点位置和原先的规则做比较，从而得出物体

的位置和朝向。算法中也需要考虑有些标记点在镜头视野之外或被遮挡的情况。

标记点有主动和被动两种。主动型标记点通常会定期发射红外线。因为可以将红外线发射时间和镜头同步，可以排除周围其他红外线的干扰。被动型标记点实际上是反射器，将红外线反射回光源。如果使用被动型标记点，通常镜头里会有红外线发射器，如图 3–51 所示就是一个配有红外线发射器的镜头。只要标记点排列规则、互不相同，多个物体可以同时被追踪。

图 3–51　配有红外线发射器的镜头

■ 利用可见标记点的光学追踪

另一种光学追踪的技术是利用特殊图案或花纹作为标记点的。镜头可以辨认出这些标记点，将多个标记点放置于特定的位置，就可以计算出位置和方向。标记点可以是各种形状和大小的，标记点需要能有效地被镜头识别，但同时能产生大量独特的标记点。

一个著名的案例是 Valve 公司的一间展示房间，如图 3–52 所示，墙上和天花板上布满了不同的标记点。一台 VR 头显样机上配备了摄像

头，可以通过这些标记点进行位置追踪。这种方法能提供室内精确的位置追踪，但对普通用户来说不太实用。

图 3-52　Valve 公司的展示房间

■ 无标记点的光学追踪

如果被追踪物体的几何形状已知（例如由 CAD 模型产生），也可以通过持续搜索和对比已知 3D 模型，实现无标记点的光学追踪。即通过分析图像中的边缘和颜色变化等信息，识别出需追踪的物体。即使对非已知的 3D 物体，也可以辨别出一些代表性的部分，如人脸和肢体，并对它们进行持续追踪。

5. 利用 Depth Map 的追踪

利用 Depth Map 镜头也可以实现位置追踪。Depth Map 作为一个单独的软件平台，其作用是分析空间的网络结构，它的研究范围不仅局限于建筑内部及建筑之间的空间，它可以扩大到整个城市甚至国家的空间范围。而 Depth Map 镜头，例如微软的 Kinect 或 SoftKinetic 的 DS325，采用某些技术（如 Structured light、Time of flight）生成物体到镜头距离的实时分布图，通过从 Depth Map 中提取被追踪物体（如手部、脸部），并分析提取出相应比例，从而实现位置追踪。

多种追踪技术的组合通常能达到比单一技术更好的效果。举例说明光学追踪和惯性追踪。惯性追踪会有漂移的问题，而光学追踪会有遮挡的问题（标记点被遮挡）。如果把这两种技术组合使用，就可以带来很多好处，例如，如果标记点被遮挡，可以先利用惯性传感器提供的数据估算位置信息，直到光学追踪再次捕捉到目标。即使光学追踪没有被遮挡，惯性传感器提供的更新数据也可以加强位置追踪的精度。

在位置追踪的设备方面，目前 HTC Vive、Oculus Rift、索尼 PS VR 都支持位置追踪，除了这些大品牌外，还有一些其他公司也对位置追踪有研究。

国内一家名为凌宇智控的新创公司就自主研发了一套三维空间精确定位技术——Caliber 空间定位技术。同时，以该技术为基础，开发出了一款 Caliber VR 位置追踪套件，如图 3-53 所示，以下简称 Caliber VR。该套件由一个定位基站、一个头盔定位器和两个交互手柄组成，能够为移动 VR 提供位置追踪及交互功能，让用户可以在虚拟空间中走动，用手柄与虚拟场景互动。

图 3-53　Caliber VR 位置追踪套件

其官方介绍提到，Caliber VR可以适配市场上所有移动VR头显。这将意味着持有任意品牌VR头显的用户，只要再额外购买一套Caliber VR，并通过简单的安装设置后，便可以在移动VR上体验到类似HTC Vive一样的"全沉浸式VR体验"。

Lighthouse（或Lightroom）是Valve在2015年3月发布的一款位置追踪系统，它的核心原理就是利用房间中密度极大的非可见光，来探测室内佩戴VR设备的玩家的位置和动作变化，并将其模拟在虚拟现实3D空间中。通过两个相对成本较低的探测盒子，就可以达到相对精准的效果。

打开探测盒子内部，会发现没有任何摄像头，只有一些固定的LED灯，加上一对转速很快的激光发射器，其中一个会"扫射"整个房间，以每秒60次的速度频闪，如图3-54所示。

图 3-54 探测盒子内部

光线发射出来后，还需要接收器，也就是VR头盔或手柄，其中配备的光传感器可以探测发射出的频闪光和激光束。最妙的设计也在这里，每闪一次，头盔就开始计数，像秒表一样，直到某个光传感器探测到激光束，然后利用光传感器的位置，以及激光到达的时间，利用算法计算出头盔相对基站的位置。

3.6　虚拟计算机

现阶段虚拟现实技术的发展正面临一个重要问题——尽管多家科技公司都在 2016 年陆续推出虚拟现实设备，但目前很少有家用个人计算机能支持 Facebook Oculus 和其他此类系统。根据英伟达的数据，在 2016 年，全球只有约 1300 万台计算机集成了能支持虚拟现实的显示芯片；而 Gartner 的数据则显示，2016 年全球在用的个人计算机总数约为 14.3 亿台，因此这些最高端计算机在其中占的比例不到 1%。为了解决这个问题，让虚拟现实设备能用到更多人手中，专家们想到了虚拟计算机这个解决办法。

虚拟计算机指通过软件模拟的，具有完整硬件系统功能的，运行在一个完全隔离环境中的完整计算机系统，一般称为"虚拟机"，其作用是可以在一台计算机上通过软件的方式模拟出来若干台计算机，每台计算机可以运行单独的操作系统而互不干扰，可以实现一台计算机"同时"运行几个操作系统，相互独立进行工作。同时，这几个操作系统之间还可以进行互联，形成一个虚拟网络，如图 3-55 所示。

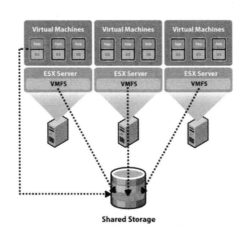

图 3-55　虚拟计算机

　　虚拟机技术是虚拟化技术的一种，所谓"虚拟化技术"就是将事物从一种形式转变成另一种形式，最常用的虚拟化技术有操作系统中内存的虚拟化，实际运行时用户需要的内存空间可能远远大于物理机器的内存大小，利用内存的虚拟化技术，用户可以将一部分硬盘虚拟化为内存，而这对用户是透明的。例如，利用虚拟专用网技术（VPN），用户可以在公共网络中虚拟化一条安全、稳定的"隧道"，像是使用私有网络一样。

　　虚拟机技术最早由 IBM 于 20 世纪六七十年代提出，被定义为硬件设备的软件模拟实现。当时计算机的内存主要由磁芯存储器组成，由于受磁芯本身特性和驱动时延等因素的影响，计算机内存储器往往是做不大的，一般只有几千字节到几十千字节，因而严重影响了计算机的应用和发展。为此，人们提出了虚拟存储器的概念。之后大型计算机出现，给需要进行大量计算的部门带来福音，但是一台大型计算机的价格十分昂贵，而且对于一个单位而言计算任务往往是不饱满的，机器的空闲率很高，因而虚拟化又成为讨得用户欢心的拿手绝活，通过虚拟化提高了大型机的有效使用率。

　　目前在 Intel 服务器虚拟机领域主要有三家公司在竞争，包括 Vmware、Swsoft、Connectix 公司，他们都提供了基于 CPU 利用率提升（PV，Processor Virtualization）的独特解决方案。

　　VMware 开发的 VMware Workstation，可以使用户在一台机器上同时运行二个或更多 Windows、DOS、Linux、Mac 系统，如图 3-56 所示。与"多启动"系统相比，VMware 采用了完全不同的概念。多启动系统在一个时刻只能运行一个系统，在系统切换时需要重新启动机器。VMware 是真正"同时"运行多个操作系统在主系统的平台上，就像标准 Windows 应用程序那样切换。而且每个操作系统你都可以进行虚拟的分区、配置而不影响真实硬盘的数据，你甚至可以通过网卡将几台虚拟机用网卡连接为一个局域网，极其方便。

图 3-56 VMware Workstation 界面

　　VMware Workstation 的性能与物理机隔离效果非常优秀，而且它的功能非常全面，十分适合计算机专业人员使用，缺点就是它的体积庞大，安装时间耗时较久。

　　Wsoft 公司的 Virtuozzo 虚拟系统与 VMware 公司产品的主要不同在于，该技术虚拟了操作系统层。Virtuozzo 系统使用所谓的虚拟环境（VE），而不是普通的虚拟设备（VM）。VE 能够虚拟操作系统分配系统资源的基本内核，减少管理费用，获得更高的扩展性，Virtuozzo 在服务器上虚拟操作系统，可以产生完全隔离的虚拟分区，实现分区间功能、容错、命名和资源的隔离。

　　据 SWsoft 公司介绍，如果不考虑一台服务器上的虚拟环境和分区数，那么这种方法给每台服务器增加的开支不超过 1%。它能够在单个物理系统中打开上千个 VE，大大提高了系统的伸缩性。另外，Virtuozzo 还具有加强的 API 管理，以及对 64 位安腾平台的支持功能。

　　而 Connectix 公司的虚拟服务器主要提供了两项核心技术功能：一个是虚拟，即将硬件实现的功能用软件实现；另一个是二进制转化，

即将一个指令集转化成为另外一个指令集（例如 x86 到 PowerPC，或者 x86 到虚拟 x86 指令集）。它支持多个虚拟机操作系统，可以在这些平台运行 OS/2 和 NetWare，实现完全的驱动兼容。虚拟服务器还可以运行 Linux、Windows NT、2000 和 Net Servers。

第 4 章

筑梦师的独门绝技

"筑梦师"这一新词最早出现于 2010 年热映的影片《盗梦空间》中，影片讲述"筑梦师"莱道姆·柯布和他的特工团队通过进入他人梦境，从他人的潜意识中盗取机密，并重塑他人梦境的故事，如图 4-1 所示。

图 4-1 《盗梦空间》剧照

在影片中，柯布和他的团队依靠修改梦境的内容，将意识植入到目标人物脑中，进而实现改变现实世界的目的。电影的设定和虚拟现实有一定的相通作用，梦境代表虚拟空间，筑梦师就是负责环境渲染的计算机。筑梦师在梦中把自己构想的城市街景、高楼大厦甚至茫茫大海以无比真实的梦境形式呈现在盗梦对象的脑海中。在影片中，筑梦师依靠图腾来创建梦境，例如陀螺、骰子等，而现实中的"筑梦师"便会依靠强大的建模软件来完成这些工作。

在前面几章，我们已经了解了虚拟现实技术的概念、它的发展历史和构建它所需要的一些基本设备。众所周知，只有在房子建好后，我们才能对它进行装修，虚拟现实也不例外。通常，设计师会在将 VR 的

虚拟现实梦境建模完成后，就开始为它进行装修了，一般把 VR 装修的过程简称为"贴图"。经过图像处理后的 VR 场景，看上去才够真实，同时也更贴近梦境。

执行这一项工作的设计者们要将梦境构建得完美，除了离不开先天的审美优势外，更离不开图形处理软件。虚拟现实图像构建的软件有很多，在这里我们将着重为大家介绍有关的三大软件及应用平台。

4.1 VRP 虚拟现实平台

VRP（Virtual Reality Platform，简称 VR-Platform 或 VRP）即虚拟现实平台，VRP 是一款由中视典数字科技有限公司独立开发的具有完全自主知识产权的直接面向三维美工的一款虚拟现实软件。它是目前中国虚拟现实领域，市场占有率最高的一款虚拟现实软件，它的产生，一举打破该领域被国外领域所垄断的局面，以极高的性价比获得国内广大客户的喜爱。

VRP 的适用性强、操作简单、功能强大、高度可视化、所见即所得。它的产品目标是实现低成本、高性能，让对 VR 感兴趣的普通薪资人员都能从 VR 中挖掘出计算机三维艺术的乐趣。早在 2014 年，中视典公司就在 Infocomm China 展会上正式宣布推出了其自主研发的 OpenVRP 虚拟现实软件平台，如图 4-2 所示。

基于 Open 的原则，将 OpenVRP 底层引擎完全开放。基础数学库、前向渲染器、场景管理器、资源管理器等各个基础模块完全开源（提供 CPP 源文件）。虚拟现实 SDK、播放器内核、编辑器内核等都免费提供 SDK 开发包，并且其"极光"渲染引擎能提供次世代实时渲染效果。

图 4-2　中视典公司的 OpenVRP 新品发布会

　　VRP 系列软件是国内最具代表性的 VR 开发平台，具有不逊于国外著名 VR 软件的技术和功能。它以 VR-Platform 引擎为核心，衍生出 VRP-IE（VRP 三维网络浏览器）、VRP-BUILDER（VRP 虚拟现实编辑器）、VRP-Physics（VRP 物理系统）、VRP-DIGICITY（VRP 数字城市平台）和 VRP-SDK（VRP 二次开发工具包）等 8 个相关成品，如图 4-3 所示。

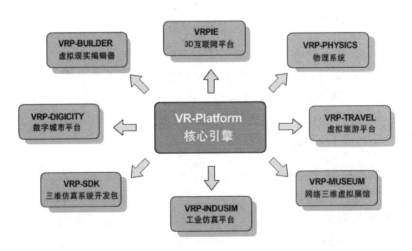

图 4-3　8 个以 VR-Platform 引擎为核心衍生出来的产品

4.1.1　VRP-IE

　　随着互联网技术的飞速发展及 3D 软件技术的日益成熟，简单网页上的二维空间交互方式已经远远不能满足人们的需求，人们越来越能将互联网变成一个可以交互的立体空间。在 2007 年，中视典数字科技有限公司便在原有的 VRP 三维虚拟仿真平台产品线的基础上，成功研发了新一代面向网络的全新三维互动软件平台——VRP-IE，如图 4-4 所示，其也是 VRP 产品体系中研发最早、应用最广泛的产品之一。

图 4-4　VRP-IE

　　VRP-IE（Virtual Reality Platform Internet Explorer），又称"VRP-IE 3D 互联网平台"。它是主要用于在互联网上进行三维互动浏览操作的 WEB 3D 应用软件，可将三维的虚拟现实技术成果用于互联网应用。

　　在安装了 VRP-IE 浏览器插件的基础上，用户可在任意一台连接互联网的计算机上访问 VRP-IE 网页，实现全三维场景的浏览和交互。其开放的体系结构设计、高效的 VRP-BUILDER 编辑器，以及高性能 VRP-IE 插件，给国内 WEB 3D 的发展带来了革命性的进步，引起了国内外虚拟现实领域的一片轰动，在很短的时间内便成为国内普及率最高的一款 WEB 3D 软件。

VRP-IE 三维网络平台具备高度真实感画质、支持大场景动态调度、良好的低端硬件兼容性、高压缩比、多线程下载、支持高并发访问、支持视点优化的流式下载、支持高性能物理引擎、支持软件抗锯齿、支持脚本编程、支持无缝升级等特性，为广大用户开发面向公众或集团用户的大型 WEB 3D 网站提供了强有力的技术支持和保障。

它主要有以下四大特点：

※ 丰富的展示手段：VRP-IE 允许在其窗口中嵌入 Flash、视频和图片等插件，可以完美结合各种多媒体展示手段，各展所长，使三维展示内容更加丰富精彩。

※ 海量的数据支持：它可以将产品的各种属性信息存放到外部数据库中，利用脚本功能将其读取进来，然后再显示到 VRP-IE 上，实现三维网络平台上展品的属性查询。

※ 强大的交互功能：VRP-IE 能够支持自动漫游、手动漫游，并且漫游轨迹还可以保存下来，供用户进行查询；它能使世界各地的用户在开启了同一个网页场景之后，在场景中彼此看到，而不是以人物图标的方式出现，并且通过文字、图像、语音或视频的实时传输，进行在线交流。这是虚拟现实技术与网络游戏、即时聊天技术的一次结合，使虚拟现实向着更加广阔的应用方向发展。同时，它还支持脚本编程和物理引擎。脚本编程能使 VRP-IE-3D 互联网平台具有"自我思考"的能力，成为了一个可以编程的系统。例如，可以随意构造汽车结构，并且以任意车轮来驱动、导向行驶，具有实时的碰撞检测和碰撞力度的反馈。支持高性能物理引擎和高效高精度碰撞检测算法，能极大丰富 VRP-IE 3D 互联网平台软件的交互功能。

※ 优异的线上效果：线上效果主要体现在整体的画面呈现上。VRP-IE 拥有国内 WEB 3D 的最高画质，运用了游戏中的各种优化算法，提高大规模场景的组织与渲染效率，无论是场景的导入导出、实时编辑，还是独立运行，其速度都明显快于某

些同类软件。并且，它对于低端硬件的兼容性也很好，经过测试，在一块 Geforce128M 显卡上，一个 200 万面的场景经过自动优化，仍然可以流畅运行。

VRP-IE-3D 互联网平台数据是通过 HTTP 协议进行下载的，HTTP 作为互联网上最通用的协议，其访问效率和能够承载的并发访问数量是得到业内公认的。一个普通的 2M 带宽的高性能网络服务器，每分钟能够承受 10 万个 HTTP 协议的访问数量，因此 VRP-IE 可以支持很多人同时进行访问（即高并发访问）；在浏览方面，VRP-IE 支持基于视点优化的流式浏览。即下载一部分，就可以看到一部分的内容，不用等到所有数据全部下载完才能看到；且支持视点优化，即优先下载距离当前三维视锥范围内最近的场景，极大缓解了由于带宽限制所带来的下载延迟感。

VRP-IE-3D 互联网平台所发布的模型数据和贴图数据都用目前最先进的压缩算法（ZIP 和 JPG）进行了压缩，在下载过程中，使用了多线程优化（10 线程），使数据的下载速度最高可达单线程的 10 倍。采用了特有的技术原理，使 VRP-IE 浏览器在升级后，可以完全兼容以前生成的数据文件。例如，若 3 年后，VRP-IE-3D 互联网平台浏览器插件从 3.0 升级到了 7.0，那么 3 年前放到网上的 VRP-IE-3D 网页，仍然可以继续运行，而且浏览器插件升级过程是自动完成的。

VRP-IE 可广泛用于政府、企业和电子商务、教育、娱乐、数码产品、房产、汽车、虚拟社区等行业，将有形的实物和场景在网上进行虚拟展示。

4.1.2　VRP-BUILDER

VRP 虚拟现实编辑器，又称"VRP 虚拟现实虚拟现实编辑器"。VRP 虚拟现实编辑器是中视典数字科技有限公司研发的一款直接面向三维美工的虚拟现实软件。所有操作都是用美工可以理解的方式（不需

要程序员参与），可以让美工将所有精力投入到效果制作中来，从而，有效较低制作成本，提高成果质量。如果操作者有良好的 3ds Max 的建模和渲染基础，那么他只要对 VRP 虚拟现实编辑器稍加学习和研究，就可以很快制作出自己的虚拟现实场景。

VRP-BUILDER 的理念是让软件来适应人，而不是让人去适应软件。工程师们将与用户一起，根据实际需求来不断完善软件，开发最有用的功能，最大限度减少用户的重复劳动，VRP 是一个全程可视化软件，所见即所得，独创在编辑器内直接编译运行、一键发布等功能，稍有基础的人可以在一天之内掌握其使用方法。使用 VRP，你将不再纠缠于各种实现方法的技术细节，而可以将精力完全投入最终效果的制作上。

光影是三维场景是否具有真实感的最重要因素，因此对于光影的处理是 VRP 的核心技术之一，如图 4-5 所示。VRP 可以利用 3ds Max 中各种全局光渲染器所生成的光照贴图，因而使场景具有非常逼真的静态光影效果。支持的渲染器包括：Scanline、Radiosity、Lighttracer、Finalrender、Vray、Mentalray。VRP 在功能上给予美术人员以最大的支持，使其能够充分发挥自己的想象力，贯彻自己的设计意图，而没有过多的限制和约束。制作可以与效果图媲美的实时场景不再是遥不可及的事情。同时，VRP 拥有的实时材质编辑功能，可以对材质的各项属性进行调整，如颜色、高光 、贴图、UV 等，以达到优化的效果。

VRP 运用了游戏中的各种优化算法，提高大规模场景的组织与渲染效率。无论是场景的导入导出、实时编辑，还是独立运行，其速度明显快于某些同类软件。经测试，在一台 Geforce 128MB 显卡上，一个 200 万面的场景经过自动优化，仍然可以流畅运行。用 VRP 制作的演示可广泛运行在各种档次的硬件平台，尤其适用于 Geforce 和 Radeon 系列民用显卡，也可以在大量具有独立显存的普通笔记本上运行，实现"移动"VR（VRP 所有演示均可在一台配备了 ATI 9200 或 Geforce GO 4200 显卡的万元笔记本上流畅运行）。

图 4-5　三维场景的光影效果

4.1.3　VRP-SDK

VRP-SDK（英文全称 Virtual Reality Platform Software Development Kit，简称 VRP-SDK）是 VRP 软件开发工具包的意思。有了 VRP-SDK，会编程的用户就可以使用各种编程工具，在 VRP 所提供的内核接口基础上，开发出自己需要的、自定制的高效仿真软件。

1. 功能特点

VRP-SDK 主要特点便是支持高端用户的功能定制。用户根据自己的需要设置软件界面、设置软件的运行逻辑、设置外部控件对 VRP 窗口的响应等，从而将 VRP 的功能提高到一个更高的层次，满足用户对虚拟现实各方面的专业需求。

■ 支持多种开发环境

具有 Windows 开发经验的用户，可用的开发环境包括 VC、VB、DELPHI、C#、VS.NET 等，可应用到 IT 企业、科研单位、大专院校、水利、电力、交通、建筑等专业行业。

■ 从宏观到微观的功能覆盖

※　宏观方面：将 VRP 的三维显示窗口嵌入到用户的应用系统中

去，使系统具备三维场景展示浏览功能。

※ 微观方面：通过 VRP-SDK 提供的接口实现用户应用系统对 VRP 窗口中三维场景的控制，用户可以控制诸如模型状态、显隐、材质透明等诸多属性。

通过 VRP-SDK 提供的事件回调机制，将最终客户在 VRP 窗口中执行的操作（例如单击鼠标等）送到应用系统中去，便于用户根据系统需求灵活处理。

2. 行业应用

VRP-SDK 经过多年的发展和完善，目前已应用于多个行业，并提供了一系列优秀的软件。由于各个行业的专业性和特殊性，对于 VRP-SDK 的使用，一般采取与科研单位、院校、公司合作的方式，即提供 VRP-SDK 和三维相关的后期技术支持，SDK 客户负责整个系统建设和业务逻辑的设定。VRP-SDK 的应用，加速了一大批优秀高端行业软件的产生。

■ 电力行业

VRP-SDK 使电力系统的开发人员针对电力行业的特点和需求开发专业功能和应用，逼真再现变电站现场场地和各种设备的操作过程、运行状态，实现电力调度、虚拟变电站（如图 4-6 所示）等应用。

图 4-6　虚拟变电站

■ 水利行业

利用 VRP-SDK 二次开发，可以将虚拟现实技术与现代项目管理方法相结合，并应用到项目的进度管理过程中，建立一套适用于工程项目的进度管理流程，实现大坝施工动态展示、坝肩开挖动态计算和展示、水库调度和管理等，如图 4-7 所示。

图 4-7　虚拟的水库大坝

■ 钢铁行业

通过 VRP-SDK 二次开发，模拟并展示整条机组的生产流程，以及设备启动、停止等各种工况和各类故障事故的应急处理情况，实现连铸车间过程精准控制系统、钢铁公司热轧板带虚拟展示和管理系统等，如图 4-8 所示。

图 4-8　通过虚拟现实控制产品

■ 建筑行业

利用 VRP-SDK 将虚拟现实技术与集成化的 CAD 系统设计思想相结合，开发虚拟现实的集成化 CAD 系统，实现地铁盾构施工过程动态展示和控制系统、施工过程受力动态分析等应用，从而大大提高设计效率，提高设计质量，如图 4-9 所示。

图 4-9　通过虚拟现实分析施工过程

■ 交通

利用 VRP-SDK 开发与列控仿真系统适配的接口，从而实现大型火车进出站调度和预测管理等，如图 4-10 所示。

图 4-10　通过虚拟现实调度列车

4.1.4　VRP-Physics

VRP-Physics 物理模拟引擎（英文全称 Virtual Reality Platform Physics，简称 VRP-Physics）是中视典数字科技有限公司研发的一款物理引擎系统。系统赋予虚拟现实场景中的物体以物理属性，符合现实世界中的物理定律，是在虚拟现实场景中表现虚拟碰撞、惯性、加速度、破碎、倒塌、爆炸等物体交互式运动和物体力学特性的核心。

VRP-Physics，简单来说，就是计算 3D 场景中物体与场景之间、物体与角色之间、物体与物体之间的运动交互和动力学特性。在物理引擎的支持下，VR 场景中的模型可以具有质量、可以受到重力、可以落在地面上、可以和别的物体发生碰撞、可以反映用户施加的推力、可以因为压力而变形、可以有液体在表面上流动。

1.功能特点

总体来说，VRP-Physics 在算法和自定义方面具有不俗的表现，具体可以总结如以下几点。

■ 优秀高效的算法

※　独特的碰撞检测算法：作为物理引擎的基础，VRP 的物理引擎系统具有优秀的碰撞检测效率。在进行物理模拟之前，VRP 会重新组织模型面片至计算最优化的格式，并且能存储为文件，避免再次模拟时的重新计算。碰撞检测之前也经过数次过滤，最大限度地排除碰撞检测时的计算冗余。

※　支持连续碰撞检测：连续碰撞检测可以将物体每两帧之间的碰撞检测连续化，保证在运动路线中出现的物体都能参与到碰撞检测。

※　大规模运动场景进行局部调度计算：让运动稳定的物体（如静止下来的物体、匀速转动的物体、匀速运动的物体）在碰撞检

测组和非碰撞检测组之间动态的调度，排除了在不会产生碰撞的物体之间进行碰撞计算的计算冗余（例如两个静止下来的物体），有效减少计算量。

※ 支持硬件加速。

■ 便捷的自定义机制

※ 支持各种碰撞事件的自定义设置和实时响应：在场景中的物体发生碰撞时，用户可以获得通知，且用户可以自己设置感兴趣的碰撞对象并对事件绑定脚本，实现在碰撞发生时产生声音、接触发生时播放动画的效果。

※ 运动材质自定义：VRP运动物体可以具有不同的运动材质（如橡皮、铁球、冰块），用户可以任意指定物体的弹性、静摩擦力、动摩擦力、空气摩擦阻尼等多种参数，模拟世界万物在刚体运动中具有的不同效果。

※ 力学交互手段自定义：用户可以对任意物体的任意位置施加推力、扭力、冲力等，也可以对物体动态设置速度、角速度、密度等参数。

※ 运动约束连接自定义：物理场景中的任何物体可以通过连接的方式把运动关联起来。VRP的物理系统中，提供了铰链连接、球面连接、活塞连接、点在线上的连接、点在面上的连接、粘合连接、距离连接等多种连接方式来关联两个物体的运动，且该运动关联是可断的。

※ 碰撞替代体的自定义：除了对模型的面片进行预处理参与碰撞检测，VRP还提供了盒型、球型、圆柱型、胶囊型、凸多面体，5种在模型形状大致相同的情况下可以使用的替代碰撞体。

■ 真实的效果模拟

※ 真实的布料模拟：用户可以将任何三角形网格的模型设置为布料，模拟过程中，布料以模型顶点为基础，实时生成顶点动画，

每个三角形面片都将参与碰撞检测与力反馈，使布料如同现实中的布料一样在场景中使用。

※ 自由的力场模拟：在场景中模拟刮风、水流时的现象。物体处于力场中，可能因为角度不同，受到力的大小也不同，例如在"迎风站立"时和"侧风站立"时受到风力的大小不同；力场所作用的范围也可以随意定制，在屋里和在屋外会有有风和无风的区别。

※ 汽车等交通工具模拟：能随意构造汽车结构，可以根据任意车轮来驱动、导向行驶，具有实时的碰撞检测和碰撞力度的反馈。

※ 柔体模拟定义：实时计算模型各个面的受力，生成逼真柔体的顶点动画效果，柔体能固定到任何刚体内部，也能将一个刚体固定到柔体内部充当柔体骨架。

※ 刚体模拟：VRP 场景能够模拟真实的刚体运动，赋予运动物体密度、质量、速度、加速度、旋转角速度、冲量等各种物理属性，在发生碰撞、摩擦、受力的运动模拟中，不同的物流属性体现出不同的运动效果。

※ 流体模拟：场景中的流体粒子不仅能够参与碰撞，还具有流体自己的动力学特性——粒子之间吸附力、粒子之间的排斥力、流体的流动摩擦力等，达到逼真的流体效果，可直接应用到管道、排水系统、喷泉、泄洪等案例中。

※ 场景重力、环境阻尼等环境特性模拟：相对于其他物理引擎，VRP 物理引擎还可以模拟一些难以达到的或者不存在的物理环境，例如在水下、太空、月球上的运动模拟，通过对场景的重力、环境阻尼等因素进行调节，能达到各种物理实验环境。

2. 行业应用

VRP-Physics 可广泛应用于城市规划、室内设计、工业仿真、古迹复原、桥梁道路设计、房地产销售、旅游教学、水利电力、地质灾害等众多领域，为其提供切实可行的解决方案。

■ 游戏制作

物理引擎使游戏中的人或物在遇到碰撞时，体现出符合物理运动规律的运动，使游戏画面更逼真、更有真实感——大楼会根据攻击的方向、力度，倒向不同方向，同时落下数以万记的尘埃和碎片，产生更为真实和震撼的画面；游戏人物和道具因不同部位受创引起损伤而影响相关的行动、建筑因爆炸而出现部件结构式的连环塌陷、地面和墙体因枪林弹雨和轰炸形成的弹道坑等物理效果都表现得淋漓尽致，如图 4-11所示。

图 4-11　通过强大的物流引擎可创建逼真的爆炸效果

■ 虚拟教学

物理引擎可以让虚拟现实在教学方面的应用得到更深入的发展，如物理教学、医学教育、虚拟驾驶等。用户可以直接置身于实验环境中，通过现场实时交互得到试验成果，不仅能达到认识教学的目的，还能培养使用者的实际操作经验，如图 4-12 所示。对于一些价格昂贵、结果严重或者甚至根本无法实现的教学环境的虚拟教学实验完全可以达到替代效果。

图4-12　通过虚拟教学让学生更好地掌握知识

■ 互动展示

　　物理引擎使简单的产品三维展示升级为动态的交互式产品体验，用户通过与展示环境的动态交互，更清晰地了解产品的各种属性。例如在进行水龙头、淋浴喷头的 3D 物品展示时，不仅可以让用户自行调节水流的大小，还可以让虚拟角色伸手去"感受"水流的碰撞，增加更真实的体验，如图 4-13 所示。

图4-13　通过物流引擎可以感受产品的真实工作情况

■ 军事模拟演练

物理引擎在军事模拟演练中的作用尤为重要，例如在一个战场地形中，虚拟的炸弹在某个地方产生爆炸后，物理引擎能计算出各个虚拟爆炸波及的程度，结构脆弱的掩体将会因为该爆炸而塌陷，从而通过虚拟演练更好地规划战壕、掩体或者进攻线路的抉择，如图4-14所示。

图 4-14　通过 VR 中的物理引擎进行军事分析

■ 工程试验

工程试验中，复杂结构的受力分析是相当复杂的，当不同的杆件通过各种连接约束构造出一个结构后，物理引擎能够轻松模拟出该结构体的力学传递情况。当结构受到某个方向的破坏力，虚拟结构能从最脆弱的部位开始崩溃，从而可以辅助工程人员决策工程重点、预防结构坍塌，如图4-15所示。

图 4-15　通过物理引擎分析结构受力

■ 应急救援演练

物理引擎在应急救援演练中起着关键性的作用，例如在消防虚拟训练中（如图 4-16 所示），物理引擎不仅能真实地实时模拟烟雾和火势的走向，在救助行动中，一些脆弱的结构，也会因为被焚烧或者踩踏而倒塌，增加救助行动的真实度。消防员更能主动撞开一些通道，或者挪动一些石块清理救助路线，当然这些行动如果动摇了所支撑的上层结构时，虚拟场景同样也会毫不留情地塌陷下来。

图 4-16　消防虚拟训练

■ 动画制作

物理引擎将动画师从关键帧动画中解放出来，动画师不再需要一帧一帧地调节动画，不需要定制每个物体在空中的飞行时间和路径，节省了大量的时间；物理引擎使动画中的每个细节都能参与计算，带碰撞的粒子效果、具有扩散性的烟雾、具有吸附力的水面、爆炸碎块的碰撞及产生的结果、刮风时引起的细节效果，让动画更具真实感，如图 4-17 所示。

图 4-17　细节逼真的 VR 动画

4.1.5　VRP-MyStory

VRP-MyStory 故事编辑器（英文全称 Virtual Reality Platform My Story，简称 VRP-MyStory）为用户提供了一个便捷的搭建场景、编辑故事的环境。用户无须掌握任何建模技术或者图形图像知识，以搭积木的操作方式即可创建自己的场景及故事。

1. 功能特点

VRP-MyStory 是一款大众化的 3D 应用软件，每个人都可以通过它制作出自己的 3D 作品。而相比于其他的产品，VRP-MyStory 具有如下特点。

■ VRP 系列产品功能继承

※　对物理引擎的继承：故事编辑器支持自然模拟对象的物理属性，例如，物体的下落和碰撞等效果，让对象之间的互动更加流畅。

※　对 VRPIE-3D 的继承：故事编辑器支持多种场景输出格式，除了可以供用户分享或进行后期剪辑外，还可以在单机、局域网、Internet 环境中使用，功能强大、扩展性强，支持发布到

IE 或多人在线交流等。

■ 全新的 3D 创作体验

故事编辑器的设计初衷即为使用者提供一个可快速完成 3D 项目的工具，无须进行复杂的 3D 建模和角色骨骼设定，轻松拖放、编辑丰富多元的实时内容对象，让用户在短时间内就能完成多角色、高质量的项目。

※ 实时的场景编辑：故事编辑器为用户提供了最为直观的操作方式、场景实时创作，无须花费时间等待，可随时预览输出效果，并且支持一键生成交付动画。

※ 丰富的视觉特效：故事编辑器拥有精美的实时渲染效果，支持动态遮盖，并为用户提供了丰富的粒子特效，场景无须渲染即可得到逼真的视觉体验。

※ 快捷的场景搭建：故事编辑器支持多元对象混搭场景，用户可以利用地形、天空、水体及树木等素材创作内容丰富的环境。

※ 扩充式素材库：故事编辑器内含丰富的内容对象及可扩充式素材库，能满足用户多种创作需求，可应用于虚拟三维设计、公共安全还原、安保布防等。

2. 行业应用

VRP-MyStory 在教育培训、产品展示、军事演练等需要具备一定故事性和情节的场合有不俗的表现，具体的应用行业总结如下。

■ 教育与培训

在教育培训行业，VRP-MyStory 提供给授课者一个形象的 3D 展示平台，授课者不需要有专业的图像知识，只需要在 VRP-MyStory 平台中摆放场景与设定属性，便可更真实、直观与客观地讲述故事、展示机械原理、演示机体解剖等，如图 4-18 所示。可大大提高老师与学生的沟通效率，让学生对课程内容有更加深刻的理解。

图 4-18　通过虚拟现实演示机体解剖

■ 创意设计与展示

用户可以根据自己的想法和创意在 VRP-MyStory 中自由地规划和布局 3D 场景，并在多媒体与互联网上展示，如图 4-19 所示。VRP-MyStory 是创意者手中的一个强大和自由的展示工具。

图 4-19　虚拟现实环境中的 3D 场景

■ 军事演练

VRP-MyStory 提供给部队一个作战构想和虚拟演练的平台，指挥员通过 VRP-MyStory 迅速搭建虚拟的 3D 仿真战场，快速制定各种作战方案并演习演练，使参战人员能更加直观地、深刻地理解指挥员的作战意图，如图 4-20 所示。

图 4-20　通过虚拟现实进行战术编排

■ 灾难应急

用户使用 VRP-MyStory 提供的丰富对象库快速搭建灾害场景，并在场景中设置灾害触发事件和应急处理措施，如图 4-21 所示。用户在虚拟环境中可以了解到各种自然灾害的发生过程、学习应急防护措施，并提高安全意识。

图 4-21　通过虚拟现实模拟灾害环境

■ 案情还原

故事编辑器的模型库有专门的公安类别。案情发生时，可导入案件所发生的地点图片，通过描述墙体快速生成三维空间，在三维空间内通过简单拖曳案件要素模型，如血迹、足迹、警察、匪徒，辅以时间轴对案件的串联，快速还原案情，并可录制成视频进行播放，也可发布到VRPIE上，多点多地在线交流，如图4-22所示。

图 4-22　通过 VR 技术还原案发现场

4.1.6　VRP-3DNCS

VRP-3DNCS 三维网络交互平台（英文全称 Virtual Reality Platform 3D Net Communication System，简称 VRP-3DNCS）提供了一个允许不同地区、不同行业、不同角色实时在同一场景下交互的平台。

1.功能特点

VRP-3DNCS 所有的操作都是以美工可以理解的方式进行的，无须程序员参与。不过需要操作者有良好的 3ds Max 建模和渲染基础，只要对 VRP 平台稍加学习和研究即可快速制作出自己的虚拟现实场景。

■ VRP 系列产品功能继承

※　对 VRP-MyStory 的继承：故事编辑器的实时场景编辑、多种

多样的素材库、快速的场景搭建及丰富的视觉特效，都可以在 VRP-3DNCS 中得以体现。

※ 对物理引擎的继承：支持自然模拟对象的物理属性，例如，物体的下落和碰撞等效果，让对象之间的互动更加流畅；支持碰撞检测、便捷的自定义机制，实现逼真的模拟效果。

※ 对 VRP-SDK 的继承：支持 SDK 功能，使客户端、服务器功能更容易扩展 WebService 支持，服务器状态更容易管理，更容易与其他第三方系统集成；便于根据行业或用户实际需要，设计适合要求的专项策略。

■ 全新的 3D 创作体验

故事编辑器的设计初衷即为使用者提供一个可快速完成 3D 项目的工具，无须进行复杂的 3D 建模和角色骨骼设定，轻松拖放、编辑丰富多元的实时内容对象，让用户在短时间内就能完成多角色、高质量的项目。

※ 多种同步方式：场景状态（包括场景选择集和对象表等）同步、对象状态（包括位置、模型的增加和删除，以及材质和纹理等）同步、相机数据自动同步等，确保在任何用户的视角下都能感受到同一操作所带来的同步效果。

※ 多种相机视角切换：用户可切换相机到不同的视角，如切换到个人视角、他人视角或者全局视角等，且支持画中画相机；便捷的视角切换，可用于企业售前售后内容的讲解，不同的视角更利于企业从用户的视角看待和讲解问题。

※ 自定义标注：支持登录用户在场景中添加标注说明，这些标注将实时地在网络上同步，便于非添加标注用户同步地了解添加用户的意图，提高交互效率，可用于协同装修指挥、异地演练等。

※ 实时沟通：支持文字与语音的实时沟通，同时支持如脚本、数据和事件等的全场景广播，使用此功能用户可便捷地搭建起 MMO 多人在线交流平台，并控制沟通交流的区域：私人间、

区域广播、全局广播等。

※ 安全策略：内置多种安全策略供用户选择。安全策略建立在授权的基础之上，未经授权的实体、信息不可以给予、不被访问、不允许引用、任何资源不得使用。在本平台中可对授权自由控制，例如某用户锁定的模型对象，不授权情况下其他用户将无权对其进行操作，可应用于一些较危险项目的教学，例如，重型机械拆装、电子电路连接教学等。

2. 行业应用

VRP-3DNCS 提供了一个允许不同地区、不同行业、不同角色实时地在同一场景下交互的平台，因此适用于一些有学科交叉或新人培训的场合。

■ 企业培训

主要应用于对流程性要求比较高的培训，例如，起重机的操控，如图 4-23 所示，通过真实模拟起重机的操控面板，可使学员更形象地学习相关理论知识。培训师和学员之间可进行角色视角的调换，起到更好的指导和学习作用。

图 4-23 通过 VR 技术模拟起重机操作

■ 院校教育

在大专院校的教学过程中，VRP-3DNCS 主要应用于理论性较强的课程。使用交互平台，让学生在学习期间有交互和参与感，在形象化的教学中，效果事半功倍。例如电路设计课程中，利用 VRP-3DNCS 可以对元器件拖曳，按照预想的电路进行连线，使用万用表进行通电的测试，由于使用 SDK 进行了专项策略的编写，符合电路理论的连线会连通，不符合理论的应用会给出提示，教师也会进行交互性的指导，如图 4-24 所示。

图 4-24　通过 VR 技术进行电路设计

■ 在线设计

利用本平台，客户和家具设计师可以就装修风格进行远程实时互动，客户不出家门即可轻松装修。另外，此平台还能满足设计师之间的联合装修业务，支持多个设计师协同设计，如图 4-25 所示。

图 4-25　设计师通过虚拟现实技术进行合作

■ 客户服务

本平台可为用户提供售前或售后的服务，克服时间与空间的限制，大大节省人力和时间成本。售前可远程为客户展示产品特性，售后可远程协助客户组装产品，或者指引客户快速找到产品出现的故障等。

■ 游戏开发

通过 VRP-MyStory 可轻而易举地完成游戏模型及进行相关场景的搭建，然后使用 VRP-SDK 进行游戏逻辑的编写，大幅缩减了游戏的开发周期。

■ 地图同步指引

为用户提供大型会场地图同步指引及其他交通路线同步指引服务。

4.2　Quest 3D

Quest 3D 软件是由荷兰的 Act 3D 公司在 1998 年研发出来的专

门从事虚拟现实方面的应用软件，软件有丰富的功能模块，可以实现模块化、图像化编程，不需要去编写代码就能制作功能强大和画面效果绚丽的 VR 项目，如图 4-26 所示。软件有很好的开放性，可以在 3ds Max 或 Maya 中完成建模、材质、动画和渲染，然后导入到 Quest 3D，可以跟大量的 VR 硬件很好地连接，还可以用软件提供的 SDK 来开发新的功能模块和整合新的硬件设备。

图 4-26　Quest 3D 启动界面

4.2.1　功能特点

Quest 3D 是一款世界顶级的虚拟现实制作平台软件，在视觉表现方面尤为突出。Quest 3D 也根据产品设计的形状特性、精密特性，真实地模拟产品三维设计和装配，并允许用户以交互方式控制产品的三维真实模拟装配过程，以检验产品的可装配性。包含多种输出器，如 3ds Max、Maya、Lightwave、AutoCAD、Catia、UG、Pro/E 等可输入档案格式：WAV、MP3、MID、3DS、X、LWO、MOT、LS、MD2、JPG、BMP、TGA、DDS、PNG 等。除此之外，Quest 3D 还有如下优点。

1.容易且有效的实时 3D 建构工具

比起其他可视化的建构工具，如网页、动画、图形编辑工具来说，Quest 3D 能在实时编辑环境中与对象互动。Quest 3D 提供用户一个建构实时 3D 的标准方案。Quest 3D 让用户通过稳定、先进的工作流

程，处理所有数字内容的 2D/3D 图形、声音、网络、数据库、互动逻辑及 A.I.，完全是用户梦想中的设计软件巨擘。使用 Quest 3D，用户可以不下任何程序的工夫，建构出属于用户自己的实时 3D 互动世界。在 Quest 3D 里，所有的编辑器都是可视化、图形化的。真正所见即所得，实时让用户见到作品完成后执行的样子。用户将更专注于美工与互动，而不用担心程序错误及 Debug。过去需要几天才能完成的项目，现在只需要几小时便可搞定。

Quest 3D 独特的通道系统可以使用户完全控制自己的项目，这种方法不需要借助任何编程工具，通过对图形的修改即可进行编辑，而非代码。

2. 性能卓越

相比同类产品，Quest 3D 的性能是最高的。通过 Quest 3D 编辑器简单编辑便能展示出令人惊叹的高质量图形效果，如图 4-27 所示。Quest 3D 支持包括 HDR、泛光、运动模糊、景深、非聂耳水面、模拟霓虹灯、雾效、太阳炫光、太阳光晕、体积光、实时环境反射、花草树木随风摆动、群鸟飞行动画、雨雪模拟等各种类型的环境渲染。

图 4-27　Quest 3D 创建的虚拟环境效果极佳

3. 拥有真实的物理引擎，可仿真物理模型

为了让虚拟的教学环境更加逼真、更生动，Quest 3D 可以在场景中表现骨骼动画、人物动画、汽车、动物触发动画（如天空飞行的飞鸟）等在内的各种物理模型。

4. 支持力反馈的设备

Quest 3D 可以在进行碰撞检测和实时模拟反映（行走、跑步等动作模拟仿真）物体对象时捕获所有的鼠标输入行为（包括滚轮和拖动）、所有的键盘按钮行为（包括用户所输入的文本）、捕获所有的操纵器行为（包括方向盘转动等），以及支持现行的所有其他操纵器。因此对于有交互性的 VR 场景来说，通过 Quest 3D 创建场景是首选方案。

5. 强大的网络模块支持

Quest 3D 还可以轻松自如地处理大项目。你可以完全控制逻辑或数据的位置。可将一个项目分割为多个文件，使每个开发人员都可以负责其自身的项目部分。

使用 Quest 3D SDK 你可以建立自己的通道，可在目前广泛的组件集合中添加自己的功能。通过这种方式，Quest 3D 也可用作原型和新算法的一类测试。已经有 Quest 3D 用来测试一个新路径的案例，例如为调查理论。采用 Quest 3D 可在一天内完成原型制作。

4.2.2 应用范围

Quest 3D 可适用于科研教学、应急推演、军事模拟、旅游影视、展览展示、城市规划、模拟驾驶、辅助设计、虚拟医疗、远程控制、航空航天、工业仿真等多个 VR 领域。

4.3　DVS 3D

　　DVS 3D（Design& Virtual Reality & Simulation）是虚拟现实行业内首个集设计、虚拟和仿真功能于一体的虚拟现实软件平台，如图 4-28 所示。它完善了设计、虚拟与仿真之间的工作流，实现了产品从概念设计、数字模型、方案评估、生产试制到市场营销的数字化虚拟应用，提升企业项目开发管理的效率。

图 4-28　DVS 3D 软件界面

　　DVS 3D 有 Editor 和 Client 两部分，通过网络进行数据传输和同步。Editor 可读取常用模型格式（fbx、obj、dae、3ds 等），提供模型效果编辑环境。也可以实时获取 3D 应用程序的三维图形数据，并能够获取多个设计师的设计成果并进行数据整合。Client 基于大屏显示环境或头盔式显示环境，实现 1:1 立体显示，集成虚拟交互外设的 VRPN 标准接口，提供追踪设备（ART、Vicon、G-Motion、全身动作捕捉系统等）的直接连接使用，实现对设计方案的虚拟展示、装配训练、动画控制、测量、剖切显示等功能。DVS 3D 内嵌在线的 3DStore 模型库服务平台，可方便、快速地查询和下载所需行业模型，在 DVS 3D 中搭建场景并进行交互操作。

4.3.1　功能特点

DVS 3D 平台结合硬件环境实现多通道的主被动立体显示，兼容 VRPN 和 TrackD 标准接口，实现虚拟外设的交互操作。此外还具备以下特点。

1. 数据整合

※　实时截取 CAD 设计数据（Catia、ProE、UG、Tribon、SketchUP、Navisworks 等），可直接将设计师的设计成果一键截取到 DVS 3D 软件中。

※　无缝读取工业格式，保留大数据，多精度模型，完整获取产品结构、颜色外观、几何信息等。

※　可同时截取多个设计师的多个设计成果，协同设计，高效整合数据。

※　内嵌在线 3D 模型素材库，提供众多行业的 3D 模型下载，快速搭建场景。

2. 可视管理

基于 PC 设计的数据原型的三维模型可视化，视觉感官受限，无法实时直观输出沉浸式显示，需借助中间软件进行数据转换，操作烦琐。并且 CAD 的设计效果显示单调，功能局限，无法逼真、精准地了解项目开发成果，难以做出准确判断。DVS 3D 通过场景编辑、效果调整、立体显示的可视管理功能让设计效果以高质量画面、强沉浸式体验效果呈现。

※　多通道及头盔式立体展示可视化管理：支持三维模型及数据在虚拟现实环境中 1:1 沉浸式立体展示，直接使用虚拟外设与立体环境进行交互操作，为产品可视化管理提供逼真的立体展示环境。DVS 3D 还全面支持 Oculus rift 头盔，为用户提供轻量级的 3D 展示环境。

※ 强大的图形化编辑功能，设计效果更出众：支持多种格式模型导入和获取，快速搭建场景。可快速在场景中添加天气系统、材质纹理、地形、动态植被、动态水体等，提高设计效果。

3. 实时交互

在沉浸式立体环境或头盔式显示环境中，通过传统的鼠标、键盘方式无法很好满足数字内容的交互操作。通过交互外设实现复杂人机交互，仿真模拟真实的各种操作。

※ 多元外设，即装即用：提供 VRPN 多元化虚拟外设接口，无须定制开发，简单的参数配置后即可使用。

※ 人机交互，精准校验：对三维场景进行漫游、布局设计、设备拆装、仿真训练、三维测量、结构剖切、标注等交互操作，真实、直观地进行方案评估。

4.3.2 应用范围

DVS 3D 适用于高端制造、能源、国防军工、教育科研、城市规划及建筑环艺、生物医学等领域的虚拟仿真，应用于虚拟展示、虚拟设计、方案评审、虚拟装配、虚拟实训等工作环节。

1. 场景模拟

各种危险工作场景的模拟、设备的操作过程模拟，从而为管理者提供决策规划支持，例如，电力场景、化工场景、建筑施工场景、海洋平台、航空航天场景、沙漠场景等，如图 4-29 所示。是规划安全生产的重要辅助决策工具。

2. 规划布局

交互式的布局设计，提供准确、实时的信息支撑及直观、真实的可视化和互动操作环境。对设计完成的建筑场景或数字厂房规划进行重定义或验证，实现设计和管理的决策，如图 4-30 所示。

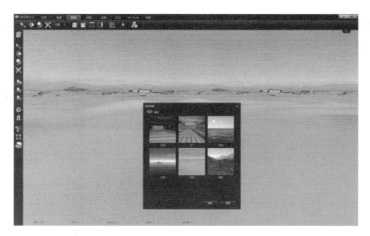

图 4-29　DVS 3D 创建的沙漠场景

图 4-30　DVS 3D 创建的数字厂房

3. 数字化样机

　　1:1 数字样机的 3D 展示,用于各种类型设备三维模型的结构展示、原理展示、工作模拟展示,如图 4-31 所示。虚拟数字样机直接应用于现有的工作流程,无须制造硬件样机,节约大量研发经费,缩短产品开发周期。

图 4-31　DVS 3D 创建的产品样机

4. 设计优化

多个设计师设计成果整合，在外观设计、结构设计、性能分析等环节提供有效的沟通手段。评估和验证设计产品的可操作性，减少跨部门、跨专业设计中的错误。

5. 训练培训

模拟对产品的零部件进行虚拟拆装、剖切测量等操作。可视化的操作模拟可以大幅减少制作等比模型所带来的成本和时间的损耗，降低了培训对时间和空间的要求。

6. 体验式营销

高精度的立体显示效果，全面展示产品的每个细节。打造品牌形象，让客户体验定制的方案，提高销售效率。

第5章

行业大革命

近年来，VR 技术凭借着特有的沉浸感、交互性、想象性等特征，成为全民关注的热点话题。产业的发展也直逼互联网的传播速度，在全球范围内掀起了一波又一波的 VR 浪潮。且随着这项新技术的良性发展，越来越多的人投身于这一新兴领域，试图以此为筹码建立自己的商业王国。除此以外，一些发展得比较成熟的传统行业也试图搭上这班快车，重登事业巅峰。

然而，在机遇与挑战并存的双重作用下，世界上并没有什么吃了就能长命百岁的"万能药"，在某一程度上能给大众带来简洁、便利的同时，也会带来不少麻烦，特别是对于某些原有的传统产业或职业来说，很可能就是巨大的冲击和破坏。本章便对目前 VR 影响较深的几个行业进行分析。

5.1 从"玩"游戏到"穿越"进游戏

中国玩家对于电子游戏的印象应该是从红白机、游戏厅开始的，后来随着科技发展，出现了 XBOX、索尼 PlayStation 等游戏主机，与此同时，个人计算机开始普及，从简单的《扫雷》《蜘蛛扑克》到 Flash 小游戏，再到红极一时的互联网竞技游戏，如《星际争霸》《DOTA》，最后到风靡世界的网游，如《魔兽世界》《永恒之塔》等。近年来，移动设备逐渐成为游戏主角，在手机端涌现了大量游戏，像《水果忍者》《炉石传说》《愤怒的小鸟》等，都掀起过不小的波澜。而现在，随着虚拟现实技术的迅猛发展，VR 和 AR 游戏已成为目前玩家们最期待的游戏方式。到了 2016 年，众多 VR 设备如雨后春笋般出现在市场上，虚拟现实技术迎来了新的曙光，进入全面爆发的阶段，市场竞争也将趋于白热化。

虚拟现实游戏和其他类型的游戏机一样，经过了数十年的进化，早在 1939 年，使用 View-Master 设备，通过转盘上 7 对微型彩色胶片，就可以为使用者提供一个"栩栩如生"的立体画面，如图 5-1 所示。

图 5-1　View-Master 广告和它的转盘胶片

在 1991 年，Virtuality 推出了一款由 Commodore Amiga 3000 计算机、头戴式的 Visette 显示器，以及一系列控制器组成的 VR 设备，并有 VR 版吃豆人等多款游戏支持，但限于价格和游戏效果，该产品未能普及。

在 1993 年的 CES 上，世嘉 MD 主机推出了一款 Sega VR 设备，首发支持包括《VR 赛车》在内的 5 款作品。但因为未能解决游戏时的晕眩问题，该产品最终被取消发售。

到了 1995 年，任天堂全面发售了一款名为 Virtual Boy VR 的设备，但该设备没有使用任何头部追踪技术，而且支持的游戏有限，再加上许多消费者在游戏时出现晕眩、呕吐等情况，在发售不到一年后，该产品最终也被遗弃。

但不久之后，任天堂又发布了一款名为 VFXI Headgear 的设备，配备双 LCD 显示器和动作追踪技术，再加上立体声扬声器及 Cyberpuck 手持控制器，配合《毁灭战士》和《雷神之锤》等游戏的支持，这款设备在当时确实风光了一把。经过计算机、主机及智能手机的冲击，虚拟现实的概念被逐渐淡化，直到近年随着技术的发展，以及

Oculus Rift 等虚拟现实设备的成熟，VR 才开始重回大众视野。

2011 年，任天堂推出了一款便携式游戏机 3DS，该设备利用了视差障壁技术，让使用者不需要佩戴特殊眼镜即可感受到立体裸眼 3D 图形效果。该设备的最新版本为任天堂 new 3DS 和 new 3DS LL，如图 5-2 所示，图形质量和裸眼 3D 现实效果更好。

图 5-2　任天堂的 new 3DS LL

2016 年 3 月 7 日，第五届全球移动游戏大会 GMGC 在 2016 年于北京国际会议中心盛大举行，这个游戏大会由全球移动游戏联盟 GMGC 主办，全球的知名游戏开发商、平台商和运营商通过大会展示了泛娱乐战略、明星 IP、VR、国际化经验、智能硬件等先进技术和前沿理念。本次大会以"创新不止，忠于玩家"为主题，下设 VR 全球峰会、VR 电竞大赛、VR 体验区、G50 全球移动游戏闭门峰会、开发者训练营、独立游戏开发者大赛、IP2016 全球移动游戏行业白皮书、2016 全球移动游戏生命周期报告等多个板块。会上出现了非常多的虚拟现实游戏，从虚拟现实的发展来看，未来 3~5 年虚拟现实仍然会是热门行业。

现阶段的虚拟现实游戏该如何进化？全球移动联盟宋炜在接受媒体采访时分析："现阶段轻度休闲 VR 因为技术实现简单，会得到更快的发展。毕竟 VR 现在正受到高度关注，并且处于普及阶段，一些上手快、有创意的休闲游戏会成为用户追捧的对象。复杂、有深度的游戏目前无论是制作技术还是创意实现都非常困难，但是一旦成功则必将得到用户的关注。"

HTC Vive 刚上市就推出了 12 款游戏，如《Audioshield 音盾》《太空海盗训练》《工作模拟：2050 档案》《Arizona Sunshine》《Final APProach》等，其中《Audioshield 音盾》可以扫描任意一个 MP3 文件并为其做难度评级并且转换成游戏内容，而玩家则化身手持红蓝两色盾的角色，随着节拍抵挡远处射过来的红蓝球体，如图 5-3 所示。随着选择音乐的难度不同，玩家面临的球将越来越复杂，而且同时可以锻炼身体、自由摇摆，因此在国内的 VR 体验馆中广受好评。

图 5-3　广受好评的《Audioshield 音盾》

而 Oculus Rift 预售的设备附赠了《Luck's Tale》和《瓦尔基里》等两款游戏。除此之外，《我的世界》《异形：隔离》《毁灭战士 3》《无

处可逃》《空甲联盟》等游戏都可以完美兼容虚拟现实头显。

随着虚拟现实设备的普及，相信越来越多的游戏都会慢慢向 VR 方向发展。不少接触过日本动漫的人都或多或少看过《刀剑神域》，影片设定在 2022 年 VR 设备广泛应用的世界中，讲述主角们在一款名为《Sword Art Online》（刀剑神域）的 VR 游戏中的冒险和爱情故事。而在现实世界中，IBM 日本分公司将联合 Bandai Namco 和 Aniplex 共同再现这款虚拟现实大型在线网游（VRMMO），这便是名为"Sword Art Online：The Beginning"的 VR 项目，如图 5-4 所示。该项目将对玩家进行全身真人 3D 扫描，把玩家的身体数据数字化，让其用自己的虚拟角色直接进行游戏。游戏还为玩家配备了专门的感应器，以收集到玩家的步行动作，从而在游戏中走动。

图 5-4　VR 版的《Sword Art Online：The Beginning》

现阶段的虚拟现实游戏数量有限，著名的游戏平台 Steam 上虽拥有数百款虚拟现实游戏，但大多数游戏并不是基于虚拟现实技术开发的。有鉴于此，Steam 的开发公司 Valve 发布了"SteamVR 桌面影院模式"，如果用户戴上虚拟现实头显，在这个模式下，游戏就会被放在一个巨大的模拟屏幕上，这样用户就可以在虚拟现实中体验任何的

Steam 游戏了。总体来说，VR 游戏和其他游戏一样，虽然在表现形式上有了很大的提高，但内容仍是游戏的王道，因此本章接下来便对几款目前相对来说较火爆的 VR 游戏进行介绍。

5.1.1　在家也能玩真人 CS——*Bullet Train*

作为《半条命》的资料片，《反恐精英 CS》已经将战术射击游戏带上了最高峰，成为第一人称射击游戏（FPS）的代名词，如图 5-5 所示。《反恐精英》在神州大地上掀起的壮阔波澜已经无须赘述了，许多玩家惊呼"又一个《星际争霸》时代开始了"。CS 的战术配合、行动模式、快节奏的游戏方式令人心醉神迷。

图 5-5　风靡全球的 FPS 游戏——《反恐精英》

近些年由于科技的日新月异，游戏界也早已发生了翻天覆地的变化，《反恐精英》也不再如以前一般红火。但是射击类游戏中紧张刺激的节奏氛围和对战的超爽快感已经深入人心。因此，射击类游戏的 VR 化也注定是所有玩家最为期待的一种，借助 VR 头盔呈现出来的立体化虚拟画面更为真实，轻松转动头部就能调整游戏中的视角，跑步或者行走都能同步控制游戏中的角色，举枪瞄准射击，所有的操作都如同实战中一样。

　　而《Bullet Train》便是这样的一款 VR 类射击游戏。在游戏中，玩家将会扮演一个特工角色，在一个颇具现代感的车站中和敌方交火，玩家能够使用多种武器进行战斗，一如《反恐精英》中的双枪、来福枪、AK47 等。而这些装备都将真实使用触觉感控，让玩家置身于真实的战斗环境，如图 5-6 所示。

图 5-6　《Bullet Train》的游戏界面

　　游戏开始，就像其他 VR 游戏的开场一样，虽然多少都会有点"陌生环境焦虑症"，但是还好，玩家的初始站位和列车的速度都设计得非常合理，并不违现实，因此虽然一开始就在晃动前进的列车里，但是既不会晕也不会像某些"反人性"的游戏，设计出让人不得不做一些奇葩的动作。

　　巧妙地利用传送和时间延迟机制避免虚拟环境下容易产生的眩晕问题，是《Bullet Train》脱颖而出的关键。

　　《Bullet Train》是 Epic Games 公司专为 Oculus VR 而开发的射击类游戏，与 Oculus Rift 和 Touch 都相适应。雷·戴维斯是 Epic Games 公司的经理，他在 Oculus Connect 2 大会上谈到了《Bullet Train》背后的迭代设计过程、隐形传态虚拟现实运动方法的演变，以及他们如何发现创新的抢子弹方法和投掷游戏机制。Epic

想创造一个沉浸式虚拟现实体验，并且是互动和动态设计的，让任何人都可以体验，不管他们的游戏经验是怎样的。领头的虚拟现实工程师尼克·怀廷和创意总监尼克·唐纳森合作创造《Bullet Train》，他们想探索在虚拟现实体验中存在意味着什么。

雷·戴维斯说，有这样一门艺术，根据角色数和不同的装备构建一个竞争的死亡竞赛环境，并且在这个环境中开辟新的道路。这不仅仅是从一个地方到另一个地方的传送，尼克·唐纳森在创造《Bullet Train》的时候考虑了很多。

对于普通玩家来说，《Bullet Train》绝对是他们迄今为止在虚拟现实中体验到的最舒服的第一人称射击游戏体验。这种程度的舒适性很大程度上归功于他们的隐形传态机制，目的是在地铁上和地铁站的不同地点之间移动，如图5-7所示。在你传送之后可以看到一个鬼影踪迹，它可以帮助你定位你的新位置。雷·戴维斯表示他们想了很多设计该经验的方式，以便让你在各航点之间传送的时候，拥有足够的视觉线索来保持你的方向。

图5-7　《Bullet Train》中的隐形传态机制

最好玩的是，无论在车厢还是打进站台以后，都有很多子弹迎面飞来，玩家可以像《黑客帝国》里的人物一样闪身躲避，还可以直接伸"手"去抓，如图5-8所示，而这正是他们煞费苦心想出来的抢子弹方法和投掷游戏机制。

图5-8　直接伸"手"去抓

同时Epic决定为开发者设计一种在VR环境下创作VR游戏的方式，其初衷是为VR游戏《Bullet Train》的研发团队提供帮助。但大约两年前，当VR头盔第一次在公司出现时，Epic就有了让虚幻引擎支持VR游戏制作、开发VR编辑器的想法。

开发VR编辑器所涉及到的很多工作，比虚幻引擎团队想象中更容易，但他们仍然需要解决一些问题。例如，你如何在自己正在建造的VR世界中走动？他们的解决方案是让开发者可以像蜘蛛侠那样飞来飞去，但同时也能够抓住（VR）世界，将它拉到自己身前——这便是在《Bullet Train》中看到的隐形传态机制。

虽然Epic在2016年3月的GDC大会上才对外公布了VR编辑器的消息，但公司旗舰虚拟现实《Bullet Train》的研发团队使用这

套工具已有相当长的一段时间了。《Bullet Train》是 Epic 在 VR 领域的一个试验型项目，主制作人汤米·雅各布称公司之所以决定开发一款 VR 射击游戏，既是因为射击类游戏流行，也是因为 Epic 拥有丰富的射击游戏制作经验。

在刚开始的时候，《Bullet Train》以一条城市街道作为背景，马路中央摆放着一张装满各种枪械的桌子，玩家可以使用它们射杀敌人。"我们试图让玩家握枪的感觉极其真实、舒适，并基于这种机制进行开发。我们思考怎样让射击体验变得更有趣，更让玩家兴奋，后来想到了'子弹时间'和'慢动作'的概念——玩家可以抓住子弹回掷敌人。"雅各布说。

但《Bullet Train》不仅仅是一个 VR 射击游戏，它演变成为了一款以火车站为背景的科幻射击游戏。你可以在火车站周边瞬移，抢夺枪支，拳打或射杀敌人。你也可以通过让时间变慢抓住子弹，甚至打出老式的街头混战式连击。

"在那个时候，我们意识到我们需要组建一支 VR 团队，创作一流的 VR 内容。"雅各布说道，"我们对此全力以赴，因为我们觉得 VR 真的有可能腾飞。我们现在依旧这么认为，这也许会在今年发生。"

奇怪的是，《Bullet Train》仍然是一个 Demo，Epic 似乎没有计划根据它开发一款完整的游戏。《Bullet Train》能够帮助虚幻引擎团队了解到 VR 环境下开发游戏存在的问题，但作用似乎仅限于此。

事实上《Bullet Train》是 Epic 开发的第三个 VR Demo，这家公司从未将另外两个 Demo 面向公众展示——它们存在的目的，似乎只是为了测试某些想法，在达到目的后就销声匿迹了。

虽然 Epic 尚未公布或推出任何一款 VR 游戏，但这并不意味着公司不重视 VR 对于游戏行业的价值。雅各布表示，从两个方面来看，虚拟现实与 Epic 现有业务的匹配度很高。"在引擎方面，我们对为虚幻

引擎的使用者提供最佳 VR 开发工具很有热情。在游戏开发方面，基于过去一年我们的内部研发项目，尤其是开发《Bullet Train》积累到的经验，我认为 Epic 的未来不可能缺少 VR。"

5.1.2 客厅中的《我的世界》

随着计算机技术的发展，人们对于游戏的需求也从原先的遵循设计者既定的线性主线通关，演变为期待更多拥有非线性开放世界游戏的出现。因此，一种特殊的游戏类型应运而生，那就是沙盒类游戏（Sandbox Game），而该类游戏的核心就是"自由与开放"。

"沙盒类游戏"指的是一种非线性游戏，它与传统线性游戏有着根本的不同，开放式场景、动态世界、随机事件和无缝衔接的大地图才是其主要特征。玩家可以在游戏世界中自由探索，与各种元素随意互动，而无须去做所谓的既定剧情任务或被迫进行无法返回的场景切换。与此同时，玩家的种种行为甚至是细微的动作都有可能会对整个游戏世界产生不可逆转的影响。

这样的游戏会带给玩家一种真正是自己在"玩"游戏的感觉，而不是如传统线性游戏一般由剧情或任务牵着走，被游戏"玩"。

因此，一批极具代表性的大作应运而生并悄然流行起来，包括《侠盗猎车手》《塞尔达传说》《莎木》《上古卷轴》《模拟人生》等，受到玩家追捧的同时也为游戏界带来一股全新的自由风潮。而这类游戏相比传统游戏最大的不同就在于其非线性的剧情发展，玩家既可以选择去完成主线剧情任务，也可以选择探索开放的地图，去发现主线之外更多样化的游戏乐趣。

但是，真正将沙盒类游戏推向一个全新的高度，让人大呼"原来游戏还能这么玩"的神作则非《我的世界》莫属，如图 5-9 所示。这款将自由发挥到极致的游戏，完全抛开传统游戏中的剧情、竞技、升级

等元素，既没有任何明确的任务和目标，也没有华丽的画面或复杂的系统，玩家在游戏中只需通过"破坏"和"建造"这两种行动，再加上天马行空的想象力，就能将一个个像素小方块组合成房屋、城堡，甚至是城市，创造出现实中可能或者不可能存在的神奇世界。这种颠覆式的超高自由度玩法，也使作为独立游戏的该作成为了游戏界的黑马，不仅登陆各大游戏平台，其各版本销量也是久居不下，更被玩家奉为了真正的"自由"神作。

图 5-9　《我的世界》具有极大的自由度

在 E3 2015 游戏展会上，微软在推广两大主业务：Xbox One 和 Windows 10 PC 的同时，带给玩家的最大惊喜便是 VR 虚拟现实游戏的演示部分。微软不仅公布了 VR 领域的两个重要的合作伙伴，而且还将目前市场上最流行游戏之一的《我的世界（Minecraft）》引入 VR 的世界，微软直接用 HoloLens 秀了一把 3D 全息与虚拟现实相结合的场景，届时玩家就可以在任何地点实时地创造属于自己的虚拟世界，例如客厅或者卧室，如图 5-10 所示。

图 5-10 《我的世界》VR 版本

　　根据展会上的报道，微软在 VR 领域已经收获了两个重要的合作伙伴：Oculus VR 和 Valve，他们也都表示各自旗下的主打产品 Oculus Rift 虚拟现实头盔和 Valve Vive 都将全面支持 Windows 10。虽然展会上没有公布更多的细节，但是这种科技联合着实为玩家带来了更多期待。

　　不过显而易见的是，对于微软这样有实力的企业来说，它在 VR 虚拟现实领域的发展绝不会仅局限于两个伙伴的合作。同时公布的《我的世界》VR 版便是最好的例证——该游戏可以完全利用虚拟现实技术结合微软自家的产品 HoloLens 的优势，创造出无与伦比的游戏体验。

　　HoloLens 全息 3D 眼镜由微软在 2015 年 4 月正式公布，该设备能够让用户看到与自己声音、动作符合，并完全融入周围环境高清晰度全息影像。HoloLens 内部集成了很多先进的技术，包括可透视镜片、传感器、专门定制的高端 CPU 和 GPU 芯片、全息图像处理单元、空间环绕声单元，以及下一代特定设计的镜头等。至于与游戏相结合并进行现场演示，E3 2015 还是第一次。

　　如图 5-11 所示，《我的世界》开发商 Mojang 的工作人员头戴 HoloLens 全息 3D 眼镜，微软的一名员工则使用 Surface 平板电脑

启动《我的世界》。进入游戏的瞬间,头戴 HoloLens 的演示者瞬间看到了咖啡桌上"Minecraft 城堡"的全息环境,他可以通过语音命令和手势来操作游戏,也可以任意角度查看游戏中建筑的每一个角落,从左往右、自上而下、放大缩小完全无死角。

图 5-11　通过 HoloLens 观察《我的世界》全息环境

整个演示过程令人印象深刻,在场的玩家无一不感到震惊,而且看起来 VR 版的《我的世界》不仅突破了虚拟现实的境界,颇有混合现实(MR)的味道。

5.1.3　VR 与手游

在游戏圈,"三十年河东,三十年河西"这句话并不适用,移动游戏在两年内就走完了端游十年的路程,三日不见当刮目相看却更贴切。在 2015 年,手游精品化、重度化的趋势继续加速,以 IP 和影游联动为核心的泛娱乐战略初步成型。在一系列动荡变革中,中国游戏市场实际销售收入突破了 1400 亿元,同比增长 22.9%,中国游戏用户达到 5.34 亿人,同比增长 3.3%。市场规模仍在快速增长,游戏用户群体却已经潜力不大。

过去两年,腾讯依托微信和 QQ 两大流量入口,所展现的强大分发能力令业界震惊却又无奈,在 2015 年采取的精品化策略继续蚕食着

剩余的市场空间。对此，以网易为代表的厂商祭出了 IP 大旗，以《梦幻西游》《大话西游》为代表的产品自上线后表现惊艳，在 11 月更是成为 iOS 渠道全球手游收入最高的公司。除此之外，网易也学起了合作伙伴暴雪，于 12 月 18 日在上海举行"2015 游戏热爱者年度盛典"中，正式宣布成立网易影视传媒有限公司，走上了影游联动之路。从游族的《三体》作品改编到暴雪的《魔兽》电影曝光，以及近期网易公布《天下 3》《新大话西游》的影视开放计划。以 IP+ 影游联动方式打造大文化产品的趋势日益明朗。

在电竞领域，英雄互娱与十多家游戏企业、电竞平台成立的移动电竞联盟广受关注，并不是因为找到王思聪担任掌门人，而是该联盟开始运作后是否能够对企鹅帝国形成实质性威胁，但目前局势尚不明朗。

从 2015 年的中国游戏产业年会上可以体会到，IP、影游联动、电竞等关键词就是 2015 年游戏圈的真实写照。但也有不少人能品味出，本届游戏产业年会主题"让你看到未来"的真正意味，就是 2016 年的游戏关键词——VR。

2015 年，VR 技术的迅速成熟得到了舆论和资本的热捧，相关的硬件和内容不断在科技与展会上亮相。Oculus Rift、索尼 PS VR、Gear VR 等一大批成型的 VR 头盔产品不断推陈出新，对应的 VR 内容也在紧锣密鼓的开发中。业界普遍预测，在 2016 年将出现具有高度可玩性的成熟 VR 游戏。索尼已经公布了迄今为止规模最庞大的 VR 游戏阵容，包括《皇牌空战》《最终幻想》《死或生：沙滩排球》《EVE：瓦尔基里》，以及《真三国无双》等知名作品在内，超过 50 部游戏将登陆 PS VR 平台。在 PSX 大会上，索尼再度公布了《Job Simulator》《Eclipse》《Distance》和《Classroom Aquatic》4 款虚拟现实游戏，尽管大部分作品都不知道具体的发售日期，但相信 2016 年一定有作品登陆 PSVR 平台。

国内在 VR 领域也是进展神速。由于智能手机和手游目前已经被不

再受资本重视，以至于手游寒冬论和手机代工厂倒闭在 2015 年频繁出现，资源大多被投入到前景更好的 VR 领域。硬件如暴风魔镜、HTC vive 等头盔，还有更多如爱客 VR 头盔在众筹中，但目前由于缺乏像索尼那样完善的生态环境和盈利模式，因此在内容上的短板将成为国产 VR 行业的致命劣势。不过目前国内企业已经开始注重内容和生态链建设，游戏产业年会的"金苹果奖"增设了 VR/AR 奖以鼓励企业开发虚拟现实的游戏内容，在日前结束的 HTC 开发者峰会上，HTC 宣布将自建 VR 平台，紧接着不甘示弱的腾讯也宣布进军 VR 平台，相信随着 2016 年有成熟 VR 游戏作品面世，国内 VR 游戏数量将出现突破性增长。

VR 游戏内容迎来爆发的同时，VR 的硬件标准也将进一步规范和成熟。Oculus Rift、索尼 PS VR 和三星 Gear VR 分别代表了目前计算机、主机和移动领域 VR 硬件的最高标准，但就算是这些成熟的 VR 头盔，仍旧面临着眩晕、头盔佩戴不舒适、外接设备过多，以及标准不一等诸多问题。由于眼睛看到的 VR 画面和耳朵接收到的真实位置信息不匹配，导致大脑负担加大，从而产生动态眩晕，此外 3D 游戏画面还会使部分玩家产生 3D 眩晕。

5.2 真假难辨的电影世界

虽然游戏是目前整个 VR 领域中最受追捧的一环，但是，对于整个市场来说，VR 游戏毕竟属于小众，一般的用户对此并不感冒。而且虚拟设备售价整体偏高，Oculus Rift 全套售价 1500 美元（约 9300 元）；微软的 HoliLens 售价 500 美元左右（约 3100 元）；而最便宜的三星 Gear VR 也在 200 美元左右（约 1250 元）。

除了硬件的问题，用户体验也并不是很好，过度重视硬件的做法导致 VR 行业在内容的开发上力不从心，所以就算硬件再高端，用户也只能用这些设备玩玩小游戏，看看为数不多的视频，根本无法体验 VR 技术真正的绝妙之处，自然也就谈不上用户黏性。除了素材的缺乏导致用户黏性不高之外，VR 游戏中人物被放大的各种夸张行为会让以第一视角置身其中的玩家在玩游戏时间较长之后产生眩晕、呕吐等不适感。因此，VR 游戏并非是发展这一技术的长久之计。

而 VR 视频则能够被用户普遍接受，虚拟现实技术也在电影中早有应用。如《速度与激情7》《复仇者联盟2》《魔兽世界》等知名作品都尝试运用了虚拟现实技术，如图 5-12 所示。目前在 VR 领域，最缺乏的就是内容，而对于视频行业来说，内容总是会不断产生的。

图 5-12　电影《魔兽世界》中运用了虚拟现实技术

如果能将视频内容和 VR 技术很好地结合，对于影视行业来说，将为其增添可看性；对于 VR 设备来说，丰富的视频会为其增添内容，使其赢得大众的认可；对于用户来说，他们对 VR 视频有极高的期待，VR 技术与视频的结合将给他们带来好的体验。

电影史上每一次里程碑意义的技术革命，意味着电影的视觉结构、表演风格、故事内容、工业体系、传达方式的巨大转变，这一点从计算机 CG、3D 立体影像与电影的结合不难看出。而在计算机 CG、3D 立体影像日趋成熟被大众普遍接受不再新奇的今天，随着计算机技术的日益成熟，VR 技术成了如今全世界最热门的电影产业话题之一。

5.2.1 从"看"电影到"演"电影

在介绍 VR 电影之前，不妨先设想一下这样的情景：自己蜷缩在客厅的沙发上，用手机选好了想看的电影，戴上 VR 眼镜，然后便就进入了一个现代的虚拟 IMAX 影厅。这是专属于自己的包场，你可以邀请远在另一个城市的好友和你一起观影，他（她）就坐在你的旁边，你们可以一边看一边语音聊天，不用担心吵到别人，不用被不讲公德接电话的人打扰，周围没有韭菜盒子的气味，也没有后排一会儿踹你椅背一脚的小朋友。电影开始，你可以选择继续在虚拟 IMAX 厅观看，也可以选择进入电影场景。如果你选择进入场景，汤姆·汉克斯或者安妮·海瑟薇可能就在你身边，甚至还有可能向你点头致意；一只萤火虫飞来，你可以用手指与它互动；你可能像坐滑翔伞一样飞过一片森林，可能在枪林弹雨中左躲右闪，也可能在海底与大白鲨擦肩而过……

这便是 VR 电影，也可以称作"交互式电影"。其理念在 2005 年首次提出，是一种全新的电影产业概念。交互式电影把观众从传统电影的单线性叙事模式中解放出来，让观众不再只是被动地观看影片，而要观众可以参与到剧情发展中去，跟电影即时地产生互动，影响剧情的走向和发展。传统电影与 VR 交互式电影的叙事方式对例如图 5-13 所示。

将互动作为"关键理念"的第三代电影其实质则是能更好地与观众进行沟通，而 VR 技术能让用户的代入感发挥到极致。即互动电影这种形式在思维上抓住用户，VR 技术在视觉上推动用户；当电影可以随着你的思想产生剧情的变化时，互动电影整体就形成了一个沙盒游戏，你的行为决定着剧情的走向，你的一言一行影响着结局的变化，观众不

再是电影的局外人，而是直接的参与者，从"看"电影到了"演"电影。

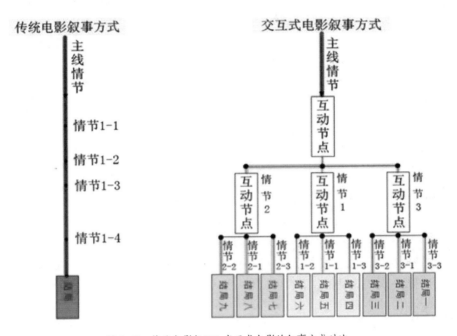

图 5-13　传统电影与 VR 交互式电影的叙事方式对比

电影被称为继文学、音乐、舞蹈、戏剧、绘画、雕塑、建筑后的"第八种艺术"，但 VR 电影却可能要突破这个范畴，成为自成一派的"第九种艺术"。因为 VR 电影具有超越其他一切艺术的表现手段，是可以容纳建筑、音乐、绘画、雕塑等多种艺术的现代科技与艺术的综合体。从胶片到虚拟现实，电影已深入到人们生活中，成为娱乐活动中不可或缺的一部分。

5.2.2　VR 电影的拍摄难点

虽然层出不穷的视频能够给缺乏内容的 VR 设备提供大量的素材，但拍摄 VR 视频远比拍摄普通视频的难度要大得多。总体来说，目前的 VR 电影拍摄具有以下几个难点。

1.怎么讲好故事

　　讲好故事，是所有优秀电影必备的特点，VR电影也自然不例外。对于虚拟现实电影的制作者来说，最容易被问到的问题便是：如何在VR的场景下讲好一个故事，因为在这种环境下，传统的技术是无法工作的。具体解释来说，虚拟现实实现了类似心电感应一般的神奇效果，将用户从一个位置"瞬间传送"到另一个位置，用户可以在任何时间看到他们想要看到的、任何地点、各种角度的景象，因此就产生了与实际认知的"疏离感"，因为我们已经习惯了传统的矩阵摄像机，而"太先进的"VR技术却让观众难以重新架构搭建起"电影内的世界"。

　　现在科技圈内已经陆陆续续诞生了多部虚拟现实电影，它们褒贬不一，质量参差不齐。例如，第一部360°电影《Zero Point》，它需要搭配Oculus Rift设备一同观看，但是观影效果很不佳，跟想象中的好的虚拟现实影视体验还差得很远。至今最打动人的VR电影还是Felix & Paul Studios工作室推出的作品，其精致程度与由好莱坞经验深厚的老戏骨出演的大片不相上下，很能触动人心。

　　现在已经出现的和预计发布的VR影片都有一个同样的特征，时长都不超过10分钟，甚至平均下来仅3分钟左右。时长不仅受成本限制，也会受到拍摄技术和剧情限制。例如，虚拟现实技术的市场先驱Oculus VR，在经过2年多的耕耘之后，开始真正着手解决内容缺乏的问题。他们成立了一间影片工作室，名为Story Studio，目标是将虚拟现实技术与电影相结合，呈现新的故事叙述方式，被称为VR Cinema。

　　为了达到这个目标，Oculus VR聘请了Pixar的制作人萨什卡·昂塞尔德作为公司第一个VR影片的导演，他曾经导演情节感人的动画短片《蓝雨伞之恋》（The Blue Umbrella），如图5-14所示，短片中的街景画面接近写实，与Pixar所坚持的风格大相径庭。

图 5-14　画面极为写实的动画电影——《蓝雨伞之恋》

不久后 Oculus VR 发布了一个名为《LOST》的 5 分钟短片，如图 5-15 所示。《LOST》的情节很简单，就是一个巨大的机械手寻回自己主人的故事。然而，观影体验却很不一样。戴上 Oculus 公司的 Crescent Bay 设备进入影片后，首先看到的是电影工作室的 LOGO 与名字，还有字幕，这些和普通电影一样。

图 5-15　VR 电影短片《LOST》

但随着情节发展，观众便可以发现，自己并非在看电影，而是处于电影里面，可以环顾自己所处的环境。电影里的视觉引导会非常重要，从一开始就需要告诉人故事的主角是谁。片中观影者可以自定义观影的节奏，因此《LOST》的实际时长可以是 3 分钟，也可以是 10 分钟。

2. 拍摄费用高昂

VR 电影近乎"天价"的制作成本却成了制作人们难以逾越的难题之一。打个比方，一部名为《HELP!》的 VR 电影，可谓是 VR 特效电影的开山鼻祖，《HELP!》故事情节丰富，导演、演员阵容也算重量级，该片由《速度与激情》系列电影的华裔导演林诣彬指导，男主角也是该系列电影的主演之一姜成镐，《HELP!》电影背景设定在洛杉矶，一阵流星般的碎片划过天空后，出现了奇怪的外星生物追逐不明真相的主人公，如图 5−16 所示。为了躲避外星生物的追击，男女主角不得不四处逃窜，最终慢慢解开整个故事的真相。

图 5−16　耗资巨大的 VR 短片《HELP！》

剧情虽然简单，全片也只有短短的 5 分钟，但是《HELP!》的制作成本却高达 500 万美元，将近 1 分钟 100 万美元。作为全球最为高精尖的 VR 特效大片，它是如何烧掉了 500 万美元的制作成本的呢？

　　首先，VR 视频需要拍摄到 360° 全方位的画面，一个机位就需要使用 4 台 Red Dragon 摄影机（每台价值 20 万美元）同时进行 4K 的拍摄，然后通过后期软件，把四个画面"缝"成一整个画面，如图 5-17 所示。

图 5-17　4 个鱼眼画面（180°）缝合好后的效果

　　另一方面，为了使机器运动流畅，并在画面中尽量少的出现设备，剧组使用了蜘蛛系统（Spider System），这是一种通过吊挂在摄影棚内部钢缆进行运动的摄影装置，要承载 73 千克的设备，如图 5-18 所示。

图 5-18　摄影棚上方安装了支重架

而最为烧钱的还在后面，短短 5 分钟的《HELP！》电影的后期制作费用极为高昂，仅后期人员就有 81 个，用了 13 个月的时间来处理 200Tb 的素材。整部影片的渲染帧数达到了 1500 万个，相当于拍摄了 4 部《美国队长 3》。

最后呕心沥血呈现出来的，便是一部"一镜到底"的 5 分钟 VR 影片，由于是 360° VR 视频，观众可以随意转动，观看任何一个方向的画面。

3. 导演和演员的重新定义

从拍摄方式来说，VR 视频需要全程为观众占展现 360° 的全景镜头。这就要求除了演员之外，包括导演在内的所有工作人员都不能进入摄影棚，也就意味着导演只能在场外把控整体的剧情及拍摄进程。而一般的视频在拍摄过程中，导演应该是全程在场内掌握剧情进程的，可以说导演是剧组的灵魂。

像国内第一部 VR 短片《活到最后》（如图 5-19 所示）的投拍方兰亭数字的联合创始人庄继顺说："我们接触了几个国内知名导演，不少导演对于 VR 电影很感兴趣，但在初期接触后全部都犹豫了。其中一位导演问了他一个问题：等开拍的时候，我站在哪指挥？"这让他无言以对。

图 5-19　国内首部 VR 短片《活到最后》

在经历过多次碰壁后，兰亭最终敲定了80后青年导演林菁菁。对于当初无法给出解决方案的导演监看问题，兰亭最终将拍摄设备上直接外接了一个VR直播推流机，"我们拍摄的时候就是屋子里面在拍，包括导演在内的工作人员在屋子外面围着屏幕看VR直播"，庄继顺说。

VR电影与传统电影不同，由于观看者会置身于一个"真实"环境之中，贸然切换镜头会显得十分突兀，进而产生场景带出感。这就要求VR电影需要保持较高的连贯性，即便要切换镜头也要务必保证过渡的自然性并减少切换的频率。

这个要求反映到演员身上，就是要让演员尽可能"一镜到底"。在此次面世的电影中，全场12分钟的电影由8个一分半钟的片段拼接而成，其中，真正切换镜头的次数只有三次，这让传统电影频繁"Cut"的习惯无法延续，而一般的电影演员则无法适应这种演出模式，如图5-20所示。

图 5-20　演员头戴 VR 设备进行表演

过去演员的表演都是面对其他演员，或面对摄影机，演员永远知道观众的视线来自在哪里，对，就是摄影机。现在，全景拍摄中，演员

会不知所措，当然这主要指的是电影电视演员，越是资深的演员在全景拍摄中会显得紧张局促，因为他们担心以前拍摄中自己的表演或形象都可以通过剪辑和构图修饰，现在真的是问题大了。比起演员们担心的这些问题，表演本身也出现了新的挑战。有些人会很快做出结论，干脆都用话剧演员就好了——因为话剧演员本身就要求一镜到底，如图 5-21 所示。

图 5-21　话剧演员的表演都是一镜到底的

5.2.3　VR 电影的类型选择

如果说 VR 电影的拍摄在技术上存在难题，在日后都可能被不断进步的科技攻克，那 VR 虚拟现实技术与电影工业艺术形式之间的结合形式则可能会是一个永恒存在的问题——VR 电影拍什么？

首先要明确的是，在 VR 技术发展的初期，最适合 VR 与电影有机结合的是侦探、恐怖、记录、科幻等对于还原现实场景有天然优势和需求的电影题材，这也解释了为什么在 2015 年的圣丹斯电影节选择 Oculus VR 公司的恐怖短片《LOST》，以及 2016 年 11 部入选圣丹斯电影节的 VR 影片中未来色彩科幻题材的《Defost》被排在第一位。当然，随着 VR 电影技术的不断发展，VR 电影的素材会越来越广泛，商业片越发商业，文艺片越发文艺，VR 电影版本的《蝙蝠侠大战超人》和《少年派奇幻漂流》也不是不可能。

在题材之后，具体到电影剧本和故事的选择上，VR 电影和传统电影在故事角色、叙事结构、故事视角等方面有着明显的差别。VR 电影是 360° 视角的电影，轴心是观众的眼睛，电影故事必须时刻随着观众的视线层层推进，这也决定了在于观众的互动交流上 VR 电影的巨大优势是传统电影所无法比拟的。所以在叙事结构和故事视角的处理上，VR 电影难度更高，因为观众有极大的选择权，观众可以向上看向下看向左看向右看，电影必须照顾到每一个角度，才能给观众带来真实的体验，如图 5-22 所示。这也意味着叙事结构上时间空间的连续逻辑，以及故事视角的多样性的必然。那种多线叙事结构的优秀电影剧本可能需要更多的创造力才能和 VR 结合在一起，这也是今后 VR 电影必须重点解决的一个问题。另外，由于选择的多样性，观众观看同一部 VR 电影的时间也各不相同，电影故事必须更加全面，具备强大的内在逻辑才不至于穿帮。

图 5-22　VR 电影具有极大的自由视角

随着电影题材和电影故事的变化，对于电影制作人员尤其是导演、摄影、剪辑来说，可能是制作理念、制作方式、美学概念的全盘推翻。举一个简单的例子，在拍摄《东方列车谋杀案》这样的侦探片当中，侦探最后与众人齐聚一堂进行破案分析的场景时，导演、摄影、剪辑该如何去满足观众希望视角在侦探、犯罪嫌疑人、旁观者、群众等角色，以及电影场景的不断闪回，显然难度不是一般的高。

在制作完 VR 电影成品推向市场时，首当其冲的是电影院，不少媒体分析指出电影院可能就此消失，因为电影制作公司和电影发行公司加上 VR 设备厂商可以直接一条龙式地将 VR 电影推广给大众，大众只需要购买相应的设备和电影即可，显然没有电影院什么事了。而门户视频网站可能因此受益匪浅，毕竟它们可以购买此类电影并通过网络渠道销售给用户，用户只需付费购买之后登录 VR 设备连接互联网完成传输即可。而优秀的 VR 电影也可以极大程度上带动衍生品的销售，并以电影为基础开发电影游戏、电影游戏跨媒体联动，打造涵盖电影、游戏、文学、互联网、衍生品销售在内的全方位产业链。

除了市场之外，VR 电影对当前的电影审查体制也会有一定的冲击，老的审查标准会有所改动，但关于对暴力、色情等禁止元素的限制是不可少的。甚至即使拍摄展示自然奇观的纪录片也会有审查，例如拍摄非洲大陆野生动物之间的厮杀，如果画面过于逼真血腥，可能导致某些人出现恶心、反胃，甚至心脏休克的情况。这都是需要考虑的审查问题并且需要制定的新标准。

5.3　新式的教学体验

2016 年，浙江高考语文卷的一道"虚拟与现实"作文题难倒了不少平时很少关注科技区领域的考生。该作文的命题内容如下："网上购物、视频聊天、线上娱乐，已成为当下很多人生活中不可或缺的一部分。业内人士指出，不远的将来，我们只需在家里安装 VR（虚拟现实）设备，便可以足不出户地穿梭于各个虚拟场景。时而在商店的衣帽间里试穿新衣，时而在足球场上观看比赛，时而化身为新闻事件的'现场目击者'……当虚拟世界中的'虚拟'越来越成为现实世界中的'现实'时，是选择拥抱这个新世界，还是刻意远离，或者与它保持适当距离？"

可见，VR 的触角已经比我们想象的还要深入。VR 与教育的结合，绝对可以颠覆以往的教学模式，虚拟现实技术能够为学生提供生动、逼真的学习环境，如建造人体模型、太空旅行、化合物分子结构显示等，在广泛的科目领域提供无限的虚拟体验，从而加速和巩固学生学习知识的过程。

5.3.1 从黑板到互联网，再到 VR 教学

教育是立国之本，目的培养更多优秀人才，为国家发展提供更多新生力量，推动国家科技进步，保卫国家安全。从教育发展史来看，可以把教育划分为三个阶段，随着科技发展，新教育方式出现。

1. 传统教育阶段

传统教育已经发展几十年了，传统教育分为普通教育与职业技术教育，普通教育是主要以高中为主，最后学生考大学。职业技术教育学生以学习技术为主。两种教育上课方式都是在课堂进行的，围绕某个学科而开展，老师在黑板上奋笔疾书，学生们在下面认真听讲，便是传统教育最为直观的画面，如图 5-23 所示。

图 5-23　传统的教学模式

传统的课堂教学模式有以下几个共同的特点。

※ 都属于"讲解——接受型"的教学模式，其根本目的是服从于学科教学的需要，系统、完整地传授人类社会几千年来积累的文化科学知识。

※ 都是采用单向的信息传递方式，教师是教学信息的主动发出者，学生是被动的接受者，师生之间很少有主动的信息双向交流。

这种传统的课堂教学模式不利于调动学生学习的主体积极性，剥夺了学生课堂教学中的情感生活，造成了课堂教学的沉闷局面，学生往往视学习为畏途，厌学现象严重。如何尽快改变课堂教学的这种沉闷局面，成为我国课堂教学改革的重要课题。

2. 互联网教育阶段

互联网教育发展已经有一段时间，是教育的一种新形式，互联网教育全国各地优秀的师资共用，让更多学生受益。互联网教育具有直观、生动、理想的模拟性，丰富的资源共享性和方便、快捷的交互性。它综合了课堂讲授、书本教学与计算机教学的长处，把各种教学方式的优点有机地结合起来，能多方面地调动学生的积极性，使学生学得懂、理解得快、记得住，从而达到因材施教和生动、活泼的教育效果。互联网教育阶段具有以下几个特点。

■ 多媒体教学

多媒体教学软件大大地增强了教学魅力，能使学习的内容图文声像并茂，栩栩如生。特别是在演示和实验方面的仿真功能，例如用计算机模拟肉眼不能直接看到的微观结构及其变化过程，或者用 PPT 课件讲解一些生动的课本知识，如图 5-24 所示。能使许多抽象的和难以理解的内容变得直观易懂、生动有趣，从而收到事半功倍的效果。

图 5-24　多媒体教学

■ 资源共享

在多媒体教育网络上，教师可以很方便地将实物、教案、图表、幻灯片、软件程序、动画、声像资料、课堂讲授，以及在网络上的各种资源摆到学生的面前，可以在瞬间完成各种媒体的转换，可以利用现成的软件将一些难以计算和描绘的结果形象地显示出来，可以立即组成一个系统，并随时修正参数，重新演示系统的功能和运行情况，从而提供了一个极其生动、活泼、直观、有趣的教学环境，为充分发挥教师的作用开辟了一个空前广阔的舞台。

3.VR 教学

VR 教学是通过虚拟现实，利用计算机图形系统和辅助传感器，生成三维教学环境，当然这个教学环境可以是世界各国，可以在公园、河边、建筑的顶层等。VR 教育要制作大量教学内容、学习素材、教程、三维空间制造等，让学生在听觉、视觉、触觉等感官的虚拟，以体验方式来学习，可能满足很多人的需求，当然你也可以跟世界名师学习。脱离教室到户外上课都可以成为现实。

毋庸置疑，虚拟现实技术可以让学习变得更有趣。如果 VR 作为

教育工具应用在课堂上，将为学生们展示一个可以互动的虚拟世界，如图 5-25 所示。不仅可以寓教于乐满足学生们的好奇心，还能开拓他们的思维，以创新的方式传授知识。另外，虚拟现实本身的沉浸感还会有效吸引学生们的注意力，让他们的学习效率更高。

图 5-25　通过 VR 进行教学

5.3.2　当前 VR 教学的困境

VR 教育是否如预料中的掀起燎原之势？在布局教育的道路上，VR 又能如所期待的那样"颠覆教育"，有新的进步和创造？总体来说，VR 在教育应用方面还存在以下问题。

1. 国内切入教育领域的公司少

国内 VR 公司虽然多，但切入教育领域的少。目前 VR 公司切入最多的领域依然是游戏和影视，教育虽然一直雷声大，但雨点小。2015年 12 月，乐视发布了其首款终端硬件产品——手机式 VR 头盔 LeVR CooL1，如图 5-26 所示，并准备以 VR 为切入口，将在线教育带入场景式体验新时代。此外，乐视还同新东方达成初步合作意向，将利用 VR 的全景教学模式在英语（精品课）课堂上实现沉浸式教学。

图 5-26　乐视的 VR 头盔 LeVR CooL1

　　在乐视 VR 产品发布会现场，新东方 CEO 俞敏洪表示，VR 的全景教学模式能够让学生实现"沉浸式学习"，提高英语课堂的学习效率。VR 作为一种新技术，将开创全新的英语学习模式，构建真实的语言环境，为学生带来场景式体验。新东方也将与乐视继续合作，逐步实现场景互动。

　　据乐视推出的 Demo 视频来看，用户可实现对教学课堂的 360°观看。戴上头盔就会有置身其中的感觉，可以帮助学生加强课堂学习和体验，如图 5-27 所示。

图 5-27　乐视 Demo 视频的截图

除了乐视，国内其他 VR 公司切入教育的少之又少。例如暴风影音旗下的暴风魔镜，研发初衷是为增强用户观影体验。尽管暴风魔镜属于国内最早推出的 VR 产品之一，并已于 2016 年 6 月推出了第 3 代产品，但其主要功能依然停留在游戏和视频领域，尚无进军教育界的打算。

据了解，国内院校尚无在课堂上使用 VR 设备的案例。但清华大学、北京航空航天大学、上海交通大学等高等学府已在校内建立了虚拟现实技术实验室，主要从事 VR 的科学研究和技术开发。清华大学在计算机基础课程中，还增加了虚拟现实相关的内容。课程介绍中称，"教师将通过介绍 VR 技术的最新成果，帮助学生更深入理解 VR 技术，并预测 VR 未来发展方向。"由此可见，国内 VR 教育已见端倪，但目前火势仍小，不足燎原。

2. 硬件质量不达标

VR 的出现改变了平面世界，构建了三维场景，并被赋予期待，希望有一天能达到学习媒体的情景化及自然交互性的要求。因为对于学生来说，亲身的学习体验显然比空洞说教更能满足需求。然而，综合国内外 VR 发展历程来看，在硬件和技术方面，国内 VR 依然落后于国外。尽管部分国内 VR 公司在技术领域实现了一定的创新，但大部分国内 VR 软硬件技术尚未成熟，用户体验不好，仍然难以推广。此外，VR 产品的价格与功能方面也存在悖论。功能越丰富，价格越高，买的人就越少；但走廉价路线的 VR 产品，又因产品性能不过关，用户体验不好等原因无法一直"红"下去。看来 VR 想要一直火，以最低成本提供最好的用户体验才是产品迭代的核心和必经之路。

其次，从教育领域看，国内除乐视一家，并没有太多专注教育的公司。而国外，除却少部分院校对 VR 的应用之外，VR 技术也没有大范围应用。究极原因，大致可分为以下几点。

※ 长时间佩戴，学生依然会产生晕眩和不适感。

※ 对于 PC 端的 VR 设备来说，能够支持虚拟场景芯片的计算机全球范围内仅有 1300 万台左右，即不到全球计算机总数的 1%。

※ 功能依然不够完善，用户体验需要加强。

※ 除了乐视、CardBoard 这种走廉价路线的厂商之外，以 Oculus 为代表的 VR 设备依然价格高昂，不利于学校大范围推广。

※ VR 设备除了提供场景化学习、便利学生的近距离观察体验外，在教育领域并没有其他创新性的应用，依然是鸡肋一般的产品。

※ 最重要的一点，即 VR 内容与硬件不匹配。硬件在提高，而内容跟不上。教育重内容、重质量，内容是根本，技术是手段。而目前有的 VR 设备因技术等种种原因，场景单一，内容不够丰富，吸引不了用户。学生在使用产品的过程中得不到想要的知识，体验不到丰富内容，自然就不会继续使用 VR 设备。

5.3.3　世界前沿的 VR 教育

尽管国外 VR 普遍在技术层次逐渐通关，但教育领域依然未大规模推广。但相对于国内，已有部分国外院校开始使用 VR 技术。2016 年 5 月，Google 就宣布了 Expeditions Pioneer 项目，该项目包括 VR 设备 Google Cardboard、路由器、智能手机和平板电脑，能利用虚拟现实技术帮助孩子提升课堂体验。同年 9 月，Google 又宣布与加州顶尖公立学校合作，免费推广虚拟现实的教室系统。

美国 zSpace 公司也是一家为 VR 教育提供解决方案的典型公司。zSpace 由一台单独计算机和 VR 显示器组成，并配备有触控笔，帮助学生操纵虚拟 3D 物体，加强学习体验。此外，zSpace 还成立了专门的 STEM 实验室，每间实验室标配 12 名学生和 1 名教师，帮助学生更好地学习数学、物理和生物等课程。zSpace 在全美国有超过 250 个学区、大学，以及医疗机构在使用 zSpace 的产品。

"学生喜欢用 zSpace，因为这给他们的学习带来许多乐趣。"来自 Los Altos 学区 Covington 小学部 STEM 实验室的老师凯蒂·法

利说，"教师和学校选择 zSpace 是因为它能让学生更融入学习中，并沉浸到一个传统课堂无法创造的世界里。学生真正地踏上了知识旅途。zSpace 改变了所有学生的学习方式。"

图 5-28　STEM 实验室

在已经使用 zSpace 的学区，学生们已经探索了虚拟火山和构建了先进电路板。这个系统为学生提供了真实的学习环境和个性化学习体验，且符合美国新世纪科学标准（NGSS）、基础课和各州标准。虚拟全息图像可以从屏幕中"取出来"并使用触笔去操控。一些应用则提供多感官反馈。例如，学生在和一个虚拟心脏互动时，可以看到、听到并感觉到它在跳动。

其他 VR 解决方案（如头显）可能会显得孤立，但"zSpace 教育"鼓励互动和小组合作。最重要的是，"zSpace 教育"让学生在一个虚拟环境里"动手学习"。在这个虚拟世界中，学生更容易改正错误、做出改变，同时学校也不用担心材料成本和清理工作。

不过，业内人士指出，与同功能的其他 VR 产品相比，zSpace 价格昂贵，一台相当于 6 个 Oculus，不利于产品推广。除了增强课堂体验外，国外一些高校还利用 VR 技术吸引生源，招募新生。据报道，

位于美国佐治亚州的 Savannah 艺术设计院校成为第一个大规模使用 VR 技术的高校。Savannah 艺术设计院校购买了数量可观的 Google Cardboard 设备，录制好校园介绍并寄给已被录取但尚未入学的学生，帮助他们提前适应校园生活，了解校园文化。此外，坐落在得克萨斯州的 Trinity 大学也将 VR 设备用于校园文化的推广和普及上，并取得了不错的效果。

尽管 Google 已经有所动作，但 VR 技术在国外院校的普及率依然不高。据了解，除却普通院校，包括 Minerva 在内的国外"先锋"院校也没有对 VR 进行广泛的课堂应用。为此，Minerva 的李一格同学对"芥末堆"说，VR 永远不会是教育和教学的核心，且 VR 并不适用于所有课程，它的应用跟语言和情境有很大关系。例如语言文学类课程其实并不需要 VR 技术的参与，而在建筑、物理、医学、生物等专业课程中应用 VR，则有利于学生更好地理解课程内容，进行深入观察和分析。她表示，教育不是万花筒，不需要把所有新东西都放在学习面前。

5.4 虚拟的战场

如果说，VR 对游戏、影视、教育等领域拥有巨大前景。那么，军事领域则是板上钉钉的 VR 实用领域了。翻开其发展史追寻根源，最早的 VR 技术甚至就是一项纯粹的军事科技。

众所周知，战争是促进科技发展的重要因素，广义上 VR 涵盖的内容相当广泛，但追根述源，早期都是作为战斗机头盔系统的一项技术分支发展而来的。

当然，因为驾驶员要兼顾操作舱内的复杂设备，不可能像现在常见的 VR 设备那样完全封闭视觉，所以 VR 只是作为新一代战机头瞄的

一项分支技术。其中还包括平显、头动追踪、眼球追踪等多种技术的融合，而这些技术直到近年才慢慢出现在 VR 的民用领域。

而在尖端领域，五代机 F-35 的 HMDS 头盔系统就能直接通过机外设备显示周围 360° 范围的全景图像，视线将不受战机本身干扰，甚至实现了一定 MR（混合现实）技术的应用，如图 5-29 所示。而其 40 万美元折合人民币 240 多万的单价也让其成为"最贵的头显设备"，但如此高的造价相对于 F-35 超过 1.35 亿美元的单架采购成本来说也只是零头而已。

图 5-29　HMDS 头盔系统

5.4.1　VR 技术在军事应用上的优势

VR 技术在军事领域的适用范围相当广泛，其优势主要集中在以下方面。

1. 节约训练成本

VR 在军事方面最常见的应用就是模拟训练，其中最大的优点在于节约训练成本。以空军为例，现代战机的起落次数寿命均在千次左右，加上燃油、地勤、维护、战机成本等开销，实机飞行训练的成本贵到咋舌。 L−15 的总师曾表示，一架苏−27UB 及苏−30 的 1 小时训练费用为 4~5 万美元，也就是 26 万 ~33 万元人民币。

而利用虚拟现实科技来进行战机模拟训练无疑极大节约了训练成本。实际上，美国军方很早就展开了这方面的研究，20 世纪 80 年代美国空军开始研究的视觉耦合航空模拟器（VCASS）计划就是利用头显模拟逼真的座舱环境，并且能够对飞行员在模拟系统中的动作做出反应的系统，如图 5−30 所示。

图 5−30　虚拟现实可以创造出逼真的座舱环境

随着技术的进步，拥有全动设备的训练座舱并不少见，甚至已经出现了利用离心设备模拟高过载环境的模拟训练座舱。无论是头显式座舱模拟器还是全景座舱模拟器都有各自的训练定位，这些设备因为几十万元的硬件成本而难以向民用市场普及，但相对空军来说，则节下大笔训练成本，是最好的地面训练手段。

除开烧钱的空军，近年来在陆军中也开始利用中、低端 VR 设备进行单兵训练。陆军可以使用 VR 技术进行多方面的工作，除了实战模拟以外，还能进行军医训练、征兵活动。目前英国陆军已经应用 VR 技术来招募 18~21 岁的士兵，他们让这些年轻人戴上 VR 头显来进行军事知识的讲解和交流互动，以便于吸引这些年轻人来加入军队。

如今，许多与年轻一代的士兵一起成长起来的数字技术与电脑游戏，都被当作作战训练的工具。例如，在美国夏威夷执行命令的士兵，完全可以通过玩战争主题的 VR 游戏，感受到叙利亚战场上的环境，与 ISIS 战斗，体会到真正的战争和一般军事演习的不同之处，可以学习到在极端的战争环境下的生存方法和技巧，如图 5-31 所示。同时，他们也可以在 VR 模拟游戏中犯错误，而不需要付出太大的代价。

图 5-31　士兵在虚拟现实中体验战争环境

2. 助力尖端科技

在高新技术武器开发过程中大量采用虚拟现实技术，设计者可方便自如地介入系统建模和仿真实验全过程，这样缩短了武器系统的研制周期，并能对武器系统的作战效能进行合理评估，从而使武器的性能指

标更接近实战要求。同时在武器装备的研制过程中，虚拟现实技术可为用户提供先期演示，让研制者和用户同时进入虚拟的作战环境中操作武器系统。研制者和用户能够充分利用分布式交互网络提供的各种虚拟环境，检验武器系统的设计方案和战术、技术性能指标及其操作的合理性。

除此之外，VR技术还能在武器装备设计制造、武器远程控制、武器平台操作使用、武器毁伤效应展示、战争场景拍摄再现、军事灾难预测、军事地图制作、战场医疗救助等诸多方面发挥重要作用，而且随着以计算机技术为代表的信息技术的不断发展，虚拟现实技术及其应用还可能不断渗入到国防军事领域的其他方面，极大促进它们的发展。

在硬件上，VR也是今后战机发展的大趋势，战机的每次更新换代都在减少座舱内的仪表、操控设备，力图将各种数据统合后信息化输出在战机头显中，这样能减少飞行员反复低头观察仪表盘的次数，使驾驶者更专注于实际飞行。同样，这类全角度信息统合的VR技术也可适用于坦克、装甲车、舰艇等军事载具上，如图5-32所示。

图5-32　通过虚拟现实操纵舰艇

　　无人机与VR的结合设备已经在民用市场上出现，而这一技术更大的前景是用于军事设备的远程遥控。众所周知，无论是战机、坦克还是战舰、潜艇都需要设计人员容纳空间，不光占据了一定体积，而且对驾驶人员的直接攻击一直是难以避免的软肋。这也是近年来各种军用无人机、遥控机器人全面发展的起因。而VR头显因具备宽广的观察角度及极强的代入感，将成为此类设备最佳的观察遥控平台。届时战争对战斗人员的损耗将会更低，甚至改变传统战争模式。

　　在这方面，美国五角大楼的国家地理空间情报局（NGA）已经开展了利用VR头显和控制器远程控制军事行动的发展计划，前景也不容小视。

3. 缩短武器研发周期

　　美国第四代战斗机F-22和JSF在研发的全过程中都采用了VR技术，实现了3D数字化设计，使研发周期缩短了50%，节省研发费用90%。通过采用VR技术，可以在系统设计的初期向飞行员提供直接体验，并随时跟进军方要求现场修改设计。美军使用这种方法成功设计了"阿帕奇"和"科曼奇"武装直升机的电子座舱。而下一代航空母舰"杰拉德·R·福特"号则是美国海军40多年来首次全程采用基于VR技术的计算机软件设计的航空母舰，如图5-33所示。

图5-33　"杰拉德·R·福特"号航空母舰

5.4.2　VR 技术在军事领域的应用实例

军事领域很早就展开了虚拟现实的实际应用，前文提起的飞行模拟训练在早期便具有虚拟现实概念，只是军方在应用后并没有刻意强调 VR 这一噱头。而随着民间市场 VR 话题的升温，对于军事领域的报道也逐渐引用了 VR 这一热点。

从 2012 年开始，美军就开始利用专属的 VR 硬件和软件进行模拟训练，包括战争、战斗和军医培训。这些模拟能以更经济的方式帮助士兵在危险情况下训练。美国在布拉格堡虚拟训练场部署的全沉浸式的"美国陆军步兵训练系统"（DSTS：Dismounted Soldier Training System）就是最近被提及最多的军事 VR 应用。此外在华盛顿特区和加州 Marina Del Ray，两个"平行实验室"正在利用 VR 装置，帮助海军实现下一代操控界面。有了这些，未来的作战人员便能够以"全三维意识"来驱动船只，或者与千里之外的设计者实时协作，以修复船上的高科技部件。最近挪威军方在坦克上使用 Oculus Rift 进行驾驶员无盲区环境测试就是一个典型的 VR 技术用于军事的例子，如图 5-34 所示。

图 5-34　驾驶员在坦克上进行 VR 无盲区环境测试

此外，美军还研发了利用增强现实技术的军用沙盘，该沙盘既是军事地形研究的有效工具，又是作战兵棋推演（简称"兵推"）的必备平台，如图5-35所示。美军推出的"增强现实沙盘"新技术，将普通沙盘变成了真实的3D战场空间地图。该技术将传统沙盘变成动态的，极大方便军事参谋作业，这项新技术给军用沙盘技术带来了一次革命。

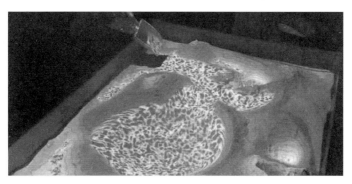

图5-35　增强现实沙盘

而国内，早在"863""973"计划中就有了虚拟现实的初步研究，其整合后的"国家重点研发计划"更是将原有的虚拟现实研发规模翻上了数倍。2016年初，中央电视台就曾报道过，解放军利用VR技术来训练伞兵。跳伞员可以通过虚拟现实眼镜中的第一视角配合软件模拟跳伞，在此过程中，跳伞员可以根据自己在空中的真实情况，来不断感受并调整空中姿态，与此同时，导调员则可以从第三视角去监控跳伞员的各种操作情况，及时对其进行指导，帮助其更好地掌握技术。

此后在2016年5月的第十届中国国际国防电子展览会上，中视典、朗迪锋等领军VR企业就在1B馆设立VR体验区，展出的VR头盔等设备可以实现虚拟战场环境、军事模拟训练、作战方案制定、作战效果评估等全方位体验。

此外还有英国、澳大利亚、荷兰、泰国等多个国家已经投入了虚拟现实与军事的相关研究，可以说全球军事界很早就对VR有了兴趣，

具体总结如下。

  ※ 英国：将把虚拟现实头盔运用于医务人员的战争培训。其他军
    事用途主要是模拟训练，例如如何应对简易爆炸装置。
  ※ 澳大利亚：国防部所属国防科技集团发起了一项探讨 VR 和军
    事防御力潜在应用前景的研究。
  ※ 荷兰：2013 年 6 月 5 日德国美军格拉芬沃尔训练基地内，士兵
    在进入战场前利用当地的虚拟地图进行了有针对性的演练。
  ※ 泰国：国防技术研究所已经与 Mahidol 大学签署了一份协议，
    以研发用于军事训练的虚拟环境。

5.5　VR 在其他领域的应用

除了人们最为熟悉的游戏和影视行业，以及被普遍看好的教育和
军事应用，VR 其实还在其他诸多行业中有着不错的发展前景，本节便
对 VR 在其他领域的应用做一个小结。

5.5.1　VR 与直播的互动融合

直播是一个很宽泛的概念，传统的直播是指通过文字、图片、音
频的方式，实时（或略微延迟）地向观众传递体育赛事、演唱会、新闻、
综艺节目等信息的过程，区别于后期剪辑、合成的录播方式。近年来，
随着硬件性能和带宽的提升，网络上兴起了一股直播风潮，出现了众多
直播平台，例如斗鱼、熊猫、YY、战旗、龙珠、虎牙、花椒等各式各
样的上百家直播平台。主播直播的内容也是五花八门，日常生活、歌唱
表演、游戏竞技、工作、户外、体育等皆可直播。其中，又以游戏电竞
的直播最为火热，像《英雄联盟》《DOTA2 炉石传说》等游戏的直播
人气都相当高。在游戏直播中，主播可以与观众实时互动，观众可以购

买虚拟礼物赠送给主播，主播和平台的收入主要就来源于观众购买礼物的消费。游戏是直播的核心内容，也同样是虚拟现实现阶段的核心，未来虚拟现实技术一定能和网络直播相结合，创新出独特的直播模式。

现阶段，VR 直播技术主要应用在体育赛事、演唱会、新闻报道等活动中，通过虚拟现实直播，佩戴头戴显示器的观众们可以如穿越一般身临其境，感受到现场的气氛。最著名的虚拟现实直播公司莫过于业界领先的 NextVR 了。NextVR 的主要直播内容为体育赛事，他们参与过足球、棒球、篮球、曲棍球等多场比赛。直播时，采用多套系统，提供不同的视角，每套系统都装备有价值 18 万美元的 6 台 Red Epic Dragon 6K 摄像机，为观众提供 360° 3D 虚拟现实影像。目前，NextVR 已经与 NBA、NHL、MLB、NASCAR 等体育机构合作，继续扩大 VR 直播的影响力。

而在 2016 年 9 月 27 日，美国总统大选的两位候选人希拉里和特朗普，开始了第一次的正面交锋，并在电视上一对一辩论。美国全国广播公司（NBC）在这场电视辩论中采用了 VR 直播，如图 5-36 所示。

图 5-36　通过 VR 参与美国总统大选直播

用户可利用 Facebook 旗下的 Oculus Rift、HTC Vive 或三星 Gear VR 等主流 VR 设备以及 PC 浏览器，安装 AltspaceVR 程序来观看总统大选辩论，还可设定自己的形象进行社交互动。尽管此前巴西里约奥运会 NBC 已经玩过这一招，但是这次支持的终端设备范围非常广泛，再加上虚拟世界的社交化应用，堪称 VR 直播的里程碑。值得注意的是，国内品牌在 VR 直播领域上也早已有所布局。

不久前，微鲸科技宣布将投资 10 亿元在 VR 内容创作上，并联合 JauntVR、NextVR 等美国 VR 视频公司对体育赛事以及演唱会等项目进行 VR 直播。此前，草莓音乐节、鹿晗演唱会、中国新歌声等现场音乐节目都已经进行了试水。

有专业人士指出，真正的 VR 直播是可以进行互动的，甚至可以随意进行探索，显然目前的一些 VR 直播还没有达到这个标准。但是，由于美国总统大选这一事件持续发酵，VR 还会成为持续的热点。但是，能否借此引爆 VR 产业，还是一个未知数，技术和内容是亟待跨越的难点。

在国内，乐视体育、华人文化、摩登天空等公司均开始布局 VR 直播。2016 年 4 月 5 日，华人文化宣布将在中国国家队、中超联赛等国内重要足球赛事中尝试提供 VR 直播信号。该业务由虚拟现实内容生产公司 Jaunt 提供，Jaunt 的业务涉及 VR 的硬件、软件、工具、应用开发及内容生产，曾获得怀特·迪士尼、华人文化产业基金和 TPG Growth 的共同投资。摩登天空成立子公司推出"正在现场"打造国内的音乐现场 VR 直播平台。

5.5.2 VR 医疗

"游戏和影视正驱动着 VR（虚拟现实）技术的发展，但医疗将会是 VR 最大的市场。"斯坦福 VR 医疗研究院主任瓦尔特·格林利夫（Walter Greenleaf）2016 年 7 月中旬到访中国，并在上海的一场

公开演讲中如是说。在医学中，虚拟现实在疾病的诊断、康复以及培训中正在发挥着越来越重要的作用。它利用计算机和专业软件构造一个虚拟的自然环境，将计算机和用户连为一体。

格林利夫是将虚拟现实技术应用于医疗的全球开创人之一，他研究 VR 技术已经超过 30 年。在他看来，VR 与医疗的结合可以在 4 个方面实现：远程医疗、治疗心理疾病、配合治疗、医疗培训。

1. 远程医疗

远程外科手术是远程医疗中的一个重要组成部分。在手术时，手术医生在一个虚拟病人环境中操作，控制在远处给实际病人做手术的机器人的动作。目前，美国佐治亚医学院和佐治亚技术研究所的专家们已经合作研制出了能进行远程眼科手术的机器人。这些机器人在有丰富经验的眼科医生的控制下，更安全地完成眼科手术，而不需要医生亲自到现场去。

除了微型手术机器人以外，国外甚至有专家提出了由传感器、专家系统、远程手术及虚拟环境等部分组成的虚拟手术系统，在遇到突发灾害情况时，它一方面可以对某些危重伤员实施远程手术，另一方面还是一个特殊远程专家咨询系统。利用这个系统，前方医生在检查伤员时，可以将情况及时传给后方有经验的医生；后方的医生又可以将治疗方案以虚拟环境的形式展示在前方医生的眼前，从而使伤员能得到及时救护，减少人员伤亡。

就在 2016 年 1 月中央发布的一号文件中，国家明确提出了对远程医疗的政策支持，希望借助远程医疗来发展农村医疗健康产业。

在对应的资本市场，远程医疗也早已成为了一块香饽饽。涉及较早的东软集团与宁波市政府在 2016 年 3 月正式挂牌成立"云医院"，其核心就是远程医疗。据了解，首批接入"宁波韵医院"平台的基层医疗机构共有 100 家，签约的专科医生、家庭医生 226 名，首期可以进

行高血压、糖尿病、心理咨询、全科医生四个方向诊室的治疗。

在此需要指出，此前，心脏病专家借助谷歌眼镜疏通了一位 49 岁男患者阻塞的右冠状动脉。冠状动脉成像（CTA）和三维数据呈现在谷歌眼镜的显示器上，根据这些图像，医生成功将血液导流到动脉，如图 5-37 所示。

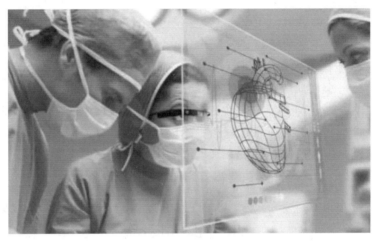

图 5-37　通过 VR 技术完成手术

2. 治疗心理疾病

美国约有 18% 的人正患有焦虑症，7%~8% 的人患有创伤后应激障碍，约 1 亿人具有慢性疼痛。而中国，近七成民众有不同程度的心理疾病。心理疾病是一个杀人于无形的凶手，目前正呈现向低龄化蔓延的趋势。虚拟现实可能会成为这个问题的解决方案之一。

英国纽卡斯特大学（Newcastle University）发布研究称，正在利用"蓝屋"（Blue Room）系统治疗心理恐惧，帮助患者重返正常生活。这一实验的对象是 9 个 7~13 岁的男孩，他们被放置在 360° 无死角的全息影像世界"蓝屋"中，周围播放着此前对孩子造成心理创伤的画面。心理学家在"蓝屋"内陪伴他们，引导他们逐步适应环境，最终帮助他

们克服恐惧。实验结果表明，9个孩子中有8个能够良好地处理恐惧情境，其中4个孩子完全摆脱了心理恐惧。

除此之外，斯坦福研究人员正试验利用谷歌眼镜帮助自闭症儿童分辨和识别不同情绪，以此让他们掌握互动技能，如图5-38所示。虚拟现实还被用于治疗退伍老兵的创伤后遗症、残障人士的幻肢痛、儿童多动症等。心理专家称，由于VR技术能安全和有效地帮助当事人聚焦行为、体验不同的自我、挑战原有假设，因此，在心理治疗中使用VR技术可有效支持当事人，增强当事人在咨询情境中和咨询情境外的自我效能感。

图5-38　通过谷歌眼镜帮助自闭症儿童正常生活

不过，这个领域至今主要停留在大学及实验室研发上，私人机构甚少出现，市场的商业化应用也还远未开始。究其原因为，成本高昂、行业应用、商业变现不明朗。

但就当前的情况来说，心理咨询师培训可能是一个突破口。新手咨询师在初次面对具有自杀和杀人危险性的当事人时，处于非常不利的

局面。因为在其之前的培训中，没有机会体验如何真正面对心理障碍患者和处于心理危机中的当事人，而这正是 VR 技术的用武之地。

3. 配合治疗

有些疾病的治疗过程非常痛苦。例如，对烧伤患者来说，每次换药都是一种煎熬。现在，美国罗耀拉大学医院利用一个名为《SnowWorld》的 VR 游戏缓解烧伤病人的伤痛，如图 5-39 所示。

图 5-39　缓解疼痛的 VR 游戏《Snowworld》

这个虚拟的冰雪世界有冰冷的河流和瀑布，还有雪人和企鹅。病人可以飞跃冰雪覆盖的峡谷或者投掷雪球，此时他们的注意力完全集中于冰雪世界，无暇顾及伤痛。

25 岁的三度烧伤病人奥斯汀·麦凯尝试了这个理疗项目，他说："这比普通的理疗要有趣得多。在虚拟现实的世界中，我完全被吸引住了。我几乎感觉不到治疗过程中身体移动所带来的疼痛，甚至不知道自己是不是真的在理疗。我完全陶醉在游戏中了。"

躺在病床上百无聊赖，想去海边度假消磨时光？ Magic Leap 尚未问世的虚拟现实眼镜可以满足你的愿望。Business Insider 透露，这款眼镜将配备可以识别用户位置的系统，能将用户移动的位置随时上传到云端。通过这种方式，任何虚拟内容都可以适配当前环境，与用户形成互动。只需戴上眼镜，患者就可以到海边度假：系统从云端获取和海滩相关的数据，接着对房间及室内物品进行测绘，从而使两者环境实现无缝对接。

4. 医疗培训

医学研究生或者年轻医生在可以上手术台之前必须要经历上百场的手术观摩。但以往由于场地有限，一台手术只能有很少的人在一旁学习，其至还看得不是很清楚，因此临床医生的培养往往十分艰难。但在 2016 年 7 月 5 日，浙江大学医学院第二医院眼科中心手术室内，许多眼科研究生和医生在此亲历了一场眼科手术的 VR 直播 。在此次手术中操刀的是国内顶尖的眼科手术专家姚克教授及他的团队。

一名参加了手术直播的学员表示，医学手术的精确度要求在分毫之间，主刀医生运刀的角度、力度、分寸的把握必须要看得非常仔细。尤其是眼科手术通过 2D 显示器观看真实体验度一般，学习效果差强人意。但 VR 直播教学可以给人身临其境之感，并且还可以不受空间限制，让远在全国各地的医生都有机会观摩顶尖专家手术。

"目前在外科领域运用的 VR 手术直播还只是 3D 的，能让学员仅在画面上获得参与感。未来我们还想通过技术手段实现 4D 外科手术，通过设备的接触或者震颤能让观摩者感受到医生下刀力度的变化，这放在以前是不敢想象的。"张威告诉澎湃新闻记者。

医学专家、上海中山医院前党委书记秦新裕表示，以前培养一名可以站上手术台的外科医生至少需要十年的时间，而 VR 直播教学在未来有望缩短这一时间。

除了用于医生培训，不少 VR 手术直播也开始邀请患者的家属甚至患者本人一起观看。目的就是通过直观的手术过程，改变传统用纸笔勾画术前讲解的模式，增进医患双方的理解，减少医患矛盾。

5.5.3 VR 与虚拟旅游

"世界这么大，我想去看看"一潮语鼓动中国，刺激旅游表现出强劲的发展潜力。据国家旅游局数据显示，上半年国内旅游人数 20.24 亿人次，同比增长 9.9%；国内旅游消费 1.65 万亿元，增长 14.5%。其中，尤其以出境游增长为甚，据同程旅游最新发布的《2015 暑期出境游盘点报告》显示，整个暑期出境游出游人次相比去年同期增长 198%。

据不完全统计，中国 5A 级景区中门票价格大多已过百元，部分甚至超过 300 元；更有不少景区通过打包的方式加价，一两个 5A 级景点加若干不知名的小景点，以联票形式强迫向游客销售，门票价格最高可趋近 500 元。例如，四川绵阳市北川羌城旅游区联票是 465 元，金华横店梦幻谷联票为 430 元。黄山风景区，官方公布价格为 230 元，但如果加上索道缆车，整体价格达到了 550 元。

500 元一张的景区联票，占到全国居民人均可支配收入的 2%，占国民月收入比例远远高于国外的景区。用这笔钱把法国卢浮宫、美国黄石公园、印度泰姬陵、日本富士山全部都玩一遍都花不完。对此，国家旅游局也清晰地认识到，这非但不利于激发人民群众的旅游消费，也不利于景区持续健康发展。因为很多时候，游客花费了这笔钱购买门票之后，并不能充分感受到这些景点的历史与文化。长此以往，性价比失衡的问题必将成为重创中国旅游及消费的一把利剑。

此外还有景区人多拥挤、黑导游等诸多问题，如图 5-40 所示，仅凭政府政策引导和国学道德规范显然已然不能达到有效"清场"的目的。那么，对于只是想好好游玩的游客来说，到底还有没有一条轻松一些的"活路"呢？虚拟现实也许就是这么一条主流出路。

图 5-40　人满为患的景区

在 2015 年的 F8 开发者大会上，扎克伯格为希望去意大利小镇的观光者展示了一段 VR 旅游视频。人们不再是看看静态图片或视频，浏览一些酒店和餐馆的评论，而是能以虚拟方式"实地"考察，如在市场或城市广场上闲庭信步，感受其真实的体验。如今，海滩、丛林、瀑布、天坛和世界其他奇观都可以通过 VR 系统来"实地"体验，如图 5-41 所示。

图 5-41　通过 VR"实地"旅游

假以时日当 VR 技术达到完全成熟的状态，VR 内容也异常丰富时，用户就可以足不出户地浏览世界各地的美景，或者在出门旅游前提前预览目的地要去的城市、要住的酒店、风景区。相对于单纯的平面照片和视频，用户可以通过 VR 获得更加丰富的目的地信息，例如用户可以知道即将入住的酒店周边的环境、当地城市的立体方位等细节信息。对于游客来说，通过 VR 可以打消他们行前对目的地未知因素的担心和不安。

目前来看，有一些企业正在尝试把 VR 应用在旅游领域。旅游业对于 VR 技术的应用，主要集中在 VR 沉浸交互体验（主要是应用在主题公园）和用来激发潜在游客开始旅行的广告、营销上（主要是目的地营销）。例如在体育观赛方面，通过 VR 的沉浸感可以带来现场观赛的感觉，不过目前这种应用还处于小范围尝试阶段。

5.5.4　VR 与社交

人们是一种社交生物。我们天性上会被吸引与他人进行社交互动。这也是为什么 Facebook 发展得如此庞大、如此成功的原因，现在 Facebook 上约有 15 亿的活跃用户。但是人们无法在 Facebook 上准确呈现自己的生活，或是以平衡的视角呈现。他们所呈现的自己由无数个时刻片段构成，是他们自己想要呈现的片段，也是想要让他人看见的片段。

虚拟现实社交网络会特别引人瞩目，因为它不仅能让人们以虚拟的人物与他人交互，还能以自己想要的样子呈现给世界。这些代表自己的虚拟替代者们可以是虚拟"克隆"（可看作是真人的虚拟人像，但身体更纤细、更年轻，穿着也更好看）也可以是用户们想象中的事物，或者还可以是根据想象创造虚拟人像，如图 5-42 所示。

一旦用户习惯了自己所选的虚拟人像，他们便能够穿梭在虚拟空间，与其他用虚拟人像展现自己的真实玩家进行社交性互动。VR 技术将绘制我们的一举一动，包括我们的面部表情。在某些情况下，它将自

动生成动作，像是一边走路，一边模仿我们脸部、头部、手部和四肢的动作。

图 5-42　在虚拟世界通过 VR 进行沟通

VR 社交互动将发生在不同的地方，可以是遥远的星球、深邃的海底，或是某个历史遗迹，只要你能说出来，它就能实现，当然，能够与其他人互动的同时，你自己已经身处在大型多人在线游戏中，而且虚拟世界有些像《第二人生》。但在那些平台上，社交性交互发生在一个平面屏幕上。心理上你会觉得自己与虚拟人像相分离，以第三方视角观看。甚至在普通的第一人称射击游戏中，参与感也是片面的。为看向左边，你要把游戏手柄推到左边，然后屏幕转向左边场景。但是如果你真的转动头部看向左边，你是无法顾及游戏的。

在虚拟现实中，这样的体验似乎是直接的、全身心地参与并沉浸其中。当你想看向左边时，扭过头便能看到左边沉浸其中的 360° 虚拟世界。更加激动人心的是，如果你正和其他人说话，还能进行眼神交流。

所有社交性互动中最好的功能可能是你能够与他人互动。这些互动会发生在任何令人难以置信的地方。你可能被赋予神奇的力量、奇妙

的技能，并能够把自己瞬间传送到其他世界，进行其他社交互动。我相信虚拟现实中的社交性互动将成为该技术最令人心醉的一个部分。

就像所有新的文明变革性技术一样，社交虚拟现实将是我们所遇到得最好的事情，也是最坏的事情。它会带领我们前往虚拟世界中的某些地方，但也会让我们与真实世界更加分离。

就像所有巨大的文明转变技术一样，它以模糊的、在不被人注意的角落出现——正如 Oculus Social Alpha 应用的出现。对于早期的使用者，虚拟现实将真正于明年爆发，但让大众接受可能还要 5 年的时间。

5.5.5　VR 购物

如今的购物已从最初的线下真实场景的交易转移到互联网上，再从最初的电脑购物转移到手机购物，接下来便有可能转移到 VR 购物上。

据外媒报道，全球电商平台 eBay 与澳洲百货公司 Myer 联手推出了"世界首个 VR 虚拟现百货商店"，让顾客在家就可以逛遍零售店，不用担心刮风下雨，如图 5-43 所示。

图 5-43　通过 VR 技术在家购物

据了解，eBay 和 Myer 合作在 iOS 和 Android 平台推出了一款"eBay 的虚拟现实百货"APP，用户在下载安装该 APP 后，只需将手机插入 VR 头显中，足不出户即可浏览到 Myer 百货超过 12500 件商品，目前，大部分显示为二维图像，前 100 款产品可以转换成 3D 模型显示，消费者可以 360° 欣赏这些产品的细节，还允许不同国家的朋友使用化身进入虚拟现实商店一起疯狂购物。而在接下来的两周，eBay 与 Myer 将每天送出 1000 台 VR 头显以作宣传，预计将送出 2 万台谷歌 CardboardVR 眼镜。

　　而在国内，淘宝网于 2016 年 4 月 1 日，宣布推出全新购物方式 Buy+。Buy+ 使用 VirtualReality（虚拟现实）技术，利用计算机图形系统和辅助传感器，生成可交互的三维购物环境。Buy+ 将突破时间和空间的限制，真正实现各地商场随便逛，各类商品随便试。虽然当天是愚人节，淘宝历来都会上演许多啼笑皆非的恶作剧，但这一次却是真的。

　　据悉，淘宝的 Buy+ 通过 VR 技术打造交互式三维购物场景、"造物神计划"虚拟淘宝商品库，以及虚拟世界的人与商品互动，可以 100% 还原真实购物场景，突破时间和空间的限制，真正实现各地商场随便逛，各类商品随便挑，各样衣帽随便试，开启了"VR+网购"的全新商业模式和下一代购物场景。淘宝已于 2016 年 7 月 22 日推出了该功能。

　　使用 Buy+，即使身在国内某个城市的家中，消费者戴上 VR 眼镜，进入 VR 版淘宝网，可以选择逛纽约第五大道，也可以选择英国复古集市，让你身临其境地购物，如图 5-44 所示。

　　简单来说，消费者可以直接与虚拟世界中的人和物进行交互，甚至将现实生活中的场景虚拟化，成为一个可以互动的商品。例如在选择一款沙发的时候，消费者再也不用因为不太确定沙发的尺寸而纠结。戴上 VR 眼镜，直接将这款沙发放在家里，尺寸颜色是否合适，一目了然。

消费者还可利用带有动作捕捉的 VR 设备，你眼前的香蕉、书籍在 Buy+ 中可以化身为架子鼓，利用这种互动形式，让消费者在购买商品的过程中拥有更多体验。除此之外，Buy+ 产品视频里还有一个有意思的场景。Buy+ 能够大幅增加线上商品的真实感，例如，当你去给女朋友买衣服的时候再也不用如此尴尬，戴上 VR 眼镜，进入 VR 版淘宝，可直接查看女装详情，甚至上身效果，通过虚拟技术能拥有实体店所没有的惊喜和体验，完成一次超爽又美妙的购物体验。

5.5.6　VR 与室内装修

说到传统家装行业，相信不少用户都有过痛切心扉的经历：挂着样板间的招牌做出买家秀的效果、打着进口品牌的名声做出路边摊的造型、标称高大上的方案做出土掉渣的设计……似乎总有诉不尽的惆怅与愤怒。但是，这些问题在 VR 与家装结合之后，也许全都可以迎刃而解。

利用虚拟现实技术摆脱空间和时间的限制，从设计方案到家具摆设，都可提前"真实"地还原，让用户在装修开始之前就能切身体验到装修入住后的效果。VR 技术帮助用户实现家装领域的硬装、软装、家

电、家政等的超前体验和方案选择。如此一来，传统家装领域"信息不对称"的百年症结也终于有了终结的可能。

从用户的角度看，利用VR技术提前感受设计效果、沉溺设计场景、自选风格搭配，避免了与设计师意见相左，也不存在后期心理落差。所见即所得，把握细节设计，成全个性追求，如图5-45所示。

图5-45　用户在虚拟现实中观察装修效果

从设计师的角度看，技术门槛低了，生产效率高了，审美水平可以自由体现了，与用户沟通交流也能零障碍了。虚拟现实技术的出现对他们来说，是福音级别的完美颠覆。

再从家装公司的角度看，高成本、低效率的装修样板间可以不再搭建了，利用虚拟现实技术能够更好地实现风格的变换更新。除此之外，3ds Max软件应用也不再是聘用人才的必备条件了，普通导购上手一样可以游刃有余。

虚拟现实技术应用于家装领域，从最初的设想到现在的实行，就体验效果来看，市场前景十分广阔。目前，有的VR家装把目标市场定位于房地产项目、家装设计公司（设计师），有的则把主要目标市场定位在家装需求终端，即C端市场。并且，围绕着VR家装设计的一系列服务，

如建材、家政等内容也都在逐步融合推进，在不久的将来，用户一定可以感受到完整的、良好的 VR 家装体验。

VR 家装的未来我们可以预见，但从目前状况来看，首要面临的还是重重挑战。

首先，VR 技术还不够成熟，而虚拟现实家装是一个交互依赖型、设计密集型的工程，在这个过程中需要完备、顺畅的基础设计程序和工具，而这个恰恰是目前技术所无法强力支撑的。没有完善的硬件系统，就很难提升用户的体验性。在现有技术下，用户佩戴设备半小时以上就会使眩晕感加重，而这个时间远不能满足用户对装修空间的完全设计。

其次，目前大部分 VR 家装项目都是使用游戏引擎制作的，这种做法成本高昂，制作效率却比较低，很难满足家装行业所需求的快速规模化制作的要求。同时，这也大大影响家装设计的传播速度，违背对室内设计实时修改、更新的本质。

最后，现今大部分的 VR 家装项目还仅仅是房地产商售楼的销售辅助，能够和家装设计甚至家居建材导购流程深度结合的项目屈指可数。想要将 VR 家装真正地推向市场，虚拟技术的提升是必要的，同时市场的拓展和教育也是十分重要的。

5.5.7 VR 与图书出版

手机和 Kindle 之类对传统出版业冲击不小，虽然电子图书等不能完全取代纸质书籍，但已经把传统书籍的市场压缩了不少，厂商们压力很大，也在寻求新的方向。AR 技术在教育出版领域已经有了不少的应用，可以直观展示三维模型和场景，VR 比 AR 更能带来临场感，在这方面似乎也可以应用。"易视互动"就推出了一套结合 VR 的儿童教育书籍，试水 VR+ 图书出版。

易视互动获得了北京出版集团的上千万天使轮投资，与北京少儿出

版社合作，编制出版了一套《恐龙世界大冒险》图书，已经在京东上线销售，附送 VR 眼镜和 APP，如图 5-46 所示。用 VR 看恐龙这种平常见不到的东西，而且其中的各种恐龙都是立体的，还有声响，远比传统的图书直观。该书是系列的第一部，京东独家买断了 5000 套定制版。未来，易视互动自己制作一定数量的内容后，会和出版社合作，吸引更多内容制作者共同推出更多的 VR 图书，并在"大开眼界"APP 上把用户和内容聚合起来。

图 5-46　儿童通过 VR 观看图书《恐龙世界大冒险》

还有一套新近出版的《梵·高地图》（中文版）也是如此。据出版方电子工业出版社的工作人员介绍，书中从始至终追溯着梵·高的足迹，遍访了他曾经生活过的 20 多个地方，同时应用 VR 技术，画面感很强。

虽然 VR 在出版业有着较好的发展前景，但并不是每本书都适合做成 VR 图书，根据产品的复杂程度不同，VR 图书花费的资金要大大高于普通图书，因此目前大多数是应用在少儿科普类图书上。通常来说，这种用了 VR 技术的图书，成本一般比普通图书高 3~5 倍。一般只有资金比较雄厚的出版社才能尝试，暂时没办法大范围应用。

第 6 章

VR 的市场淘金

VR技术无疑是近年来全球电子产品中最受追捧的，从Oculus Rift预售的火爆程度就可以看出大众对VR的期待。有机构预测，2016年全球VR软硬件的产值将达67亿美元，2020年将增长到700亿美元，行业将迎来爆发式增长。全球的"VR热"自然也影响到了我国，国内的从业者们无论是大企业还是个人，都翘首以盼希望可以抢占先机。

6.1　企业博弈：遍地开花的国内公司

2015年是我国实施"创新驱动战略"的开局之年，在国家、各级政府的推动下，互联网＋、大数据、人工智能等纷纷登上"大众创业，万众创新"的舞台。各类资本也希望借助政策支持，拓展新疆土，越来越多创新领域的新技术、新概念正在成为资本新宠。

VR作为全球科技圈最热门的新技术、新领域，同时也是一个全新的消费领域，当之无愧地成为了创新的主角，自然也受到了各方资本的热捧。目前，国内出现了不少VR创业公司，产业还处于启动期，涉及VR设备（眼镜等）、内容制作（游戏、视频等）、发布平台等，大量的头戴眼镜盒子、外接式头戴显示器等VR设备向消费级市场拓展，在政策的扶持、资本的推动下，自2015年以来，参与到虚拟现实领域的企业大幅增加，目前国内有超过100家VR设备开发公司，我国VR行业呈现出了欣欣向荣的发展景象，如图6-1所示。业内人士表示，2015年国内虚拟现实行业市场规模约为15.4亿元，预计2016年将达到56.6亿元，2020年市场规模预计将超过550亿元。有国内专家预测，到2017年我国仅沉浸式VR设备的市场规模将高于20亿元人民币。

图 6-1　国内的 VR 相关公司

面对发展潜力巨大的 VR 市场，各路资本力量肯定不会放过这个可能赚得盆满钵满的机会，如此热点的话题，嗅觉敏锐的各路媒体自然也在时刻关注着这片蓝海。特别值得注意的是，作为我国最具权威的主流官方媒体中央电视台也对 VR 技术给予关注和报道，新闻中对 VR 概念、VR 技术的应用场景、VR 资本热潮、对于 VR 的期望等进行了报道。在另外一个节目中，央视记者体验了虚拟驾驶、FPS 等游戏，还对 VR 应用场景、国内一些主要的 VR 企业、VR 概念股等进行了介绍。可见 VR 技术在我国已经具有非常大的影响力，通过央视的报道，能看到国家层面对 VR 这个新兴行业的关注，大大提升了 VR 在一般民众中的认知度。

正如前文所述，在我国创新驱动战略的推动下，包括许多 VR 创业公司在内，我国的 VR 行业吸引了大量的资本注入，投资额从百万级到千万级不等，投资速度飙升。据了解自 2015 年近一年来国内 29 家 VR 企业融资总额超 10 亿元，具体包括蚁视、睿悦信息 Nibiru、极睿软件、3 Glasses、锋时互动、乐蜗科技、七鑫易维、爱客科技、Ximmerse、TVR 时光机、岚锋创视、清显科技、暴风魔镜、小鸟看

看、兰亭数字、极维客、87870、Sightpano、第二空间、疯景科技、焰火工坊、赛欧必弗、uSens 凌感科技、热波科技、完美幻境、诺亦腾、赞那度、灵镜、大朋 VR 等各细分领域的 VR 企业，如图 6-2 所示。

国内20家A轮及以上融资虚拟现实企业汇总		
A轮		
企业名称	最新一轮融资时间	融资详情
焰火工坊（Pre-A轮）	2015年8月	1000万人民币
锋时互动（Pre-A轮）	2014年12月	真格基金投资，金额不详
芸装家居（Pre-A轮）	2013年10月	1000万人民币
七鑫易维（Pre-A轮）	2014年12月	高通投资，金额不详
3Glasses	2014年12月	3000万人民币
87870虚拟现实	2015年7月	3000万美元
完美幻境	2015年11月	数百万美元
乐蜗SVR Glass	2015年6月	资金未透露
灵镜VR	2015年12月	乐视控股投资1000万美元
第二空间	2015年7月	数千万人民币
Depth VR	2015年1月	数千万人民币
uSens凌感科技	不详	不详
英梅吉	2015年9月	数千万人民币
爱客科技	2015年初	和君领投，金额不详
		腾讯科技/统计

图 6-2 国内 VR 相关公司的融资情况

国内获得融资的 VR 企业包括了硬件设备、内容制作、发布平台等，基本涵盖了 VR 行业各细分领域；而从投资方角度来看，除了国内的资本注入外，还吸引了包括 IDG 资本、英特尔这样的海外资本，说明国外资本也看到了我国 VR 技术发展的潜力，以及巨大的市场份额，一定程度上肯定了我国 VR 的发展水平。

6.2 资本游戏：VR 在股票市场

国内资本对 VR 投资增长速度飙升，这一势头也延伸到了股票市场。

VR 概念股早就闻风而动,现在沪深两市 VR 相关上市企业达到 40 多家,无论是设备自营、硬件制造,还是软件或系统平台,不少股票在 2015 年有 3~4 倍的涨幅。

例如前文提到的暴风科技,在 2015 年的股市上表现十分抢眼,连续涨停,因而被投资人称作"妖股"。暴风科技最主要的产品是大家熟悉的视频播放软件——暴风影音,以及相关的视频和广告业务。而在 2014 年 9 月 1 日,暴风影音 CEO 冯鑫在"离开地球两小时"的发布会现场宣布,暴风科技将涉足硬件领域,推出一款虚拟现实眼镜:暴风魔镜,如图 6-3 所示。这是暴风科技递交 IPO 招股书后首次对外披露新的业务进展。暴风科技于 2015 年 3 月 24 日登陆深圳证券交易所的 A 股创业板,发行价格 7.14 元,开盘价为 9.43 元。

图 6-3　暴风魔镜

暴风科技挂牌交易之时,股市行情正如火如荼,加之属于"互联网 +""虚拟现实"等热门题材,暴风科技创下连续 29 个涨停板的记录。暴风科技全年有 124 个交易日,其中有 55 天强势涨停,最高股价达到

了 327.01 元，如图 6-4 所示。直至 2015 年 12 月 26 日停牌，暴风科技累计涨幅高达 1950.88%！位居上海交易所与深圳交易所两市第一。暴风科技从视频及广告服务跨界到 VR 虚拟现实，依托虚拟现实的热度，无疑获得了第一波红利。

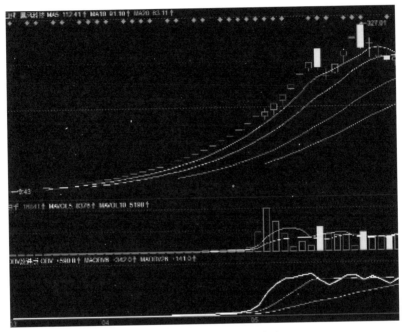

图 6-4　暴风科技 2015 年 K 线图

而到了 2016 年，虚拟现实依然是沪深两市最为炙手可热的概念主题，在开年以来的 3 个交易日中累计大涨超过 10%，虚拟现实的赚钱效应成为现实。虽然 VR 相关股票暴涨，但不可否认其股票的估值是有一定泡沫的，同时也有一定的合理性，因为估值高会有利于把市值做大，通过投资、并购的方式展开 VR 布局。相信 2016 年全年，国内各方资本以及股民对虚拟现实会保持着高度的热情。在那些玩转 VR 的概念股中，除了有直接参与制造的上市公司，还存在众多隐藏选手，目前国内涉足虚拟现实的上市公司，如图 6-5 所示。

代码	公司	所属行业	内容	时间	公布方式
600288	大恒科技	电子设备制造	子公司中科大洋有虚拟演播室等相关业务	2016.1.25	互动平台
000810	创维数字	电子设备制造	不排除进行投资或布局的可能，与腾讯miniStation合作中会有VR版	2016.1.25	互动平台
002230	科大讯飞	软件信息	公司语音交互技术与多家VR企业有合作，公司也积极关注	2016.1.23	互动平台
300431	暴风科技	互联网	参与暴风魔镜B轮融资	2016.1.21	发布会
000829	天音控股	电子设备销售	参与暴风魔镜B轮融资	2016.1.21	发布会
002354	天神娱乐	互联网	参与暴风魔镜B轮融资	2016.1.21	发布会
300027	华谊兄弟	影视制作	参与暴风魔镜B轮融资	2015.1.21	发布会
002416	爱施德	数码产品销售	参与暴风魔镜B轮融资	2016.1.21	发布会
002624	完美环球	影视游戏	收购完美世界	2016.1.20	公告
002292	奥飞动漫	文教用品制造	入股光年无限	2016.1.20	公告
002241	歌尔声学	电子设备制造	在虚拟现实软件领域，例如在光学算法领域，公司正在快速形成核心竞争力	2016.1.19	互动平台
600652	游久游戏	软件信息	入股美国数字虚拟角色提供商Pulse Evolution Corporation	2016.1.15	公告
002635	安洁科技	电子设备制造	目前正在配合乐视研发虚拟现实配件	2016.1.15	互动平台
300028	金亚科技	电子设备制造	向惊梦互动增资至15%股份	2016.1.14	公告
300083	劲胜精密	电子设备制造	参与HTC Vive的研发、生产制造	2016.1.13	公告
002517	泰亚股份	互联网	子公司恺英网络入股乐相科技	2016.1.12	公告
000793	华闻传媒	新闻出版	子公司华享投资持有的乐相科技增资扩股	2016.1.12	互动平台
002292	奥飞动漫	文教用品制造	战略入股乐相科技，打造IP+VR	2015.1.12	互动平台
002273	水晶光电	电子设备制造	布局视频眼镜多年，目前酷镜尚未开始大量销售，公司根据订单情况在小批量供货	2016.1.11	互动平台
300207	欣旺达	电子设备制造	与掌网科技合作开发VR业务，负责VR相关产品的设计优化和生产制造等	2016.1.6	公告
300053	欧比特	电子设备制造	目前涉足虚拟现实领域，会根据自身情况及市场前景规划产业布局方向	2016.1.6	互动平台

图 6-5　2016 年涉足虚拟现实的上市公司

其中大体可以分为设备自营商、系统平台商、后台配套商、硬件制造商 4 类。VR 概念的各个龙头股分别介绍如下。

1. 设备自营商

包括暴风科技、乐视网，两家公司旗下均拥有"VR 眼镜"，其中暴风科技旗下的暴风魔镜已推出第 4 代产品；而乐视网旗下拥有"超级头盔"，更加注重打造平台、内容、终端、应用于一体的生态系统。

2. 系统平台商

包括了虚拟现实软件平台开发的"华力创通";研发三维人脸识别技术的"川大智胜";从事智能检测系统及部件和激光器及应用设备的研究、开发和应用的"大恒科技"。

3. 后台配套商

包括数码视讯、海康威视、易尚展示等,涉及方向涵盖了体感技术全套方案、工业立体相机和工业面阵相机、虚拟展示服务等方面。

4. 硬件制造商

则有汉麻产业、利达光电、歌尔声学、水晶光电、欧菲光、深天马 A 等,其中利达光电是目前暴风魔镜的主要供应商,歌尔声学是 Oculus 镜头两家供应商之一。

同时,一些虚拟现实的投资企业也利用 VR 概念在股市上火了一把,例如联络互动、奥飞动漫、奋达科技、爱施德、华谊兄弟、顺网科技等。如上文提到的奥飞动漫对从事动作捕捉相关技术开发及应用的诺亦腾公司进行投资;爱施德、华谊兄弟旗下子公司投资参股暴风魔镜。顺网科技与 HTC 虚拟现实达成战略伙伴关系,未来将在 Vive 系列产品销售、游戏运营、泛娱乐等多个方面展开合作。相信 2016 年全年,乃至未来的 3~5 年里,各方资本以及股民对虚拟现实会保持着高度的热情。

6.3　个人突破：开一家 VR 体验馆

没有团队、没有资金、不懂技术,"三无人员"就不能从事虚拟现实行业了吗?当然不是,我们还可以以虚拟现实爱好者的身份从事虚

拟现实的线下体验馆，而这也是目前 VR 变现最快的方式之一，非常适合个人创业者。本节便介绍开一家初级的 VR 体验馆需要考虑到的一些因素。

6.3.1　选址是第一要务

开店做生意，谁都知道位置的重要性，位置选得恰当，无形中已为你的生意打下了坚实的基础。相反，即使你有很不错的经营才能，但生意也有可能做不好。

开店者需要对商圈进行分析，而其目的是选择适当的店址。适当的店址对商品销售有着举足轻重的影响，通常店址被视为商店的三个主要资源之一，有人甚至以"位置，位置，再位置"来着力强调。

店铺的特定开设地点决定了店铺顾客的多少，同时也就决定了店铺销售额的高低，从而反映店址作为一种资源的价值大小。店址选择的重要性体现在下面几个方面。

1. 其投资数额较大且时期较长，关系着店铺的发展前途

店址不管是租借的还是购置的，一经确定就需要大量的资金投入营建店铺。当外部环境发生变化时，它不可以像人、财、物等经营要素那样可以进行相应调整，只有深入调查、周密考虑、妥善规划，才能做出较好的选择。

2. 它是店铺经营目标和经营策略制定的重要依据

不同的地区在社会地理环境、人口密度、交通状况、市政规划等方面都有自己有别于其他地区的特征，它们分别制约着其所在地区店铺的顾客来源、特点和店铺对经营的商品、价格、促进销售活动的选择。所以，经营者在确定经营目标和制定经营策略时，必须考虑店址所在地区的特点，使目标与策略都制定得比较现实。

3. 它是影响店铺经济效益的重要因素

店址选择得当，就意味着其享有优越的"地利"优势。在同行业的商店之中，在规模相当，商品构成、经营服务水平基本相同的情况下，则会有较大优势。

4. 它贯彻了便利顾客的原则

它首先以便利顾客为首要原则，从节省顾客时间、费用角度出发，最大限度地满足顾客的需要，否则会失去顾客的信赖、支持，店铺也就失去存在的基础。当然，这里所说的便利顾客不能简单理解为店址最接近顾客，还要考虑到大多数目标顾客的需求特点和购买习惯，在符合市政规划的前提下，力求为顾客提供广泛选择的机会，使其购买到最满意的商品。

考虑到 VR 体验馆的特殊性（概念和技术都比较高端），大部分普通群体对虚拟现实 VR 技术还没有认知，因此在选址时既要考虑到消费者的人群定位，又要考虑到体验馆生存的最核心因素——客源人流量。因此，VR 体验馆通常应该选择在人流量集中的综合商场、游乐城、影院、景区等，简单的 VR 设备体验可以在网吧、博物馆、科技馆等场所。选址对了，接下来才是靠装修、活动宣传等手段吸引消费者。

6.3.2 VR 体验设备选购

所谓的 VR 体验馆最重要的当然还是体验，因此设备的选择尤为重要。本节便列举在选购设备时必须弄清楚的 10 大重点，供读者在选购时参考。

1. 视场范围

目前市场上一些最便宜的国产头显，以及一些早期的昂贵头显视野范围都比较窄，不是因为镜头离手机屏幕太远，就是专门为了小型低分辨率手机设计的。尤其在发展中国家，头显的主要用途就是个人虚拟

电影院，这些头显的视野范围就会比较小。那该找多大的才合适呢？

一般情况下，只要超过 90° 就是不错的选择了，例如说三星 Samsung Gear VR 的视野范围就是 96°，目前比较受欢迎的是 LeNest 和 FiiT，都是 102°。

小型手机看到的图像更小，但视野范围更广，让人有戴着面膜看东西的感觉。边沿有些是因为手机本身图像不大，而有些也是由于头显不大，要把视频一切都挤进视野中，视野就更窄了。

2. 重量

一般用户总是想要头显越轻越好，但也要有一定质量，防止折断。例如用纸巾做的头显虽然很轻，但也不可能正常使用。纸板做的头显也非常轻，但同样用不了多久。作为免费赠送的样品还不错，能让大家都体验一把虚拟现实，但肯定不是想要掏钱买的那种。

然后再来看看价格较高的那些开放式头显，看起来像是太阳眼镜那种。这些眼镜也很轻便，另外还能折叠放入口袋，随身携带，特别是想要和其他人分享 VR 应用时将会很方便。这方面做得比较好的是 GoogleTech C1-Glass，其次是 Homido Mini 开发的 Cobra VR 眼镜，再接下来就是 AntVR 和暴风 Small Mojing。而像三星 Gear VR 这样的全封闭头显会更重一些，里面零件也更多。开放式头显一般重量大约在 30g~160g 不等，一般通过头带固定。而 Gear VR，在接上手机前的重量是 340g。

3. 头带

如果打算长时间佩戴头显，就需要头带了。如果没有头带，则需要用手托着脸上的头显。一般开放式头显不带头带，但纸板型的就有两种选择。全封闭式的头显一般都配有头带，除了 Mattel View-Master。这种头显最初是设计给孩子用的，设计师当初的考虑是不让孩子在 VR 应用上花太多时间。

4. 设备用户体验

　　如果自己戴眼镜，或是有需要分享头显的亲友戴眼镜，就需要考虑宽度足够的头显。例如 Mattel View-Master 就宽度不够，Shinecon VR 也不行，三星 Gear VR 可以，LeNest 和暴风 Mojing 3 也行。

5. 可调节镜头

　　一般来说，虚拟现实头显中的镜头通过两种方式调整。第一种是调整镜头之间的距离，也就是调整瞳距。如果双眼分得比较开，就需要镜头比较远的头显；如果是给孩子用，就需要镜头离得比较近；另外一种方法则是调整镜头和智能手机屏幕之间的距离。例如上文提到的 LeNest 就是一个例子，它两边的镜头能够分开调整。这对双眼聚焦距离不同的人很有帮助。

6. 能兼容增强现实

　　目前很多设备并不兼容增强现实应用，Mattel View-Master 可以做到，但可能只是销售策略。而 Realiteer 出品的 Wizard Academy 则不一样，例如它可以使用手机的前置摄像头追踪用户握在手上的魔杖。其他增强现实方面的应用还包括追踪用户是否让脑袋前倾或后仰，这是目前手机传感器所没有的功能，同样也可以避免用户撞上墙或家具，或把虚拟怪物放到家里或办公室中等。此外，Mattel View-Master 的外壳是半透明的，当透过屏幕观看公司配送的"经验卷轴"时，能看到眼前有不同的物体，例如说航天飞机，出现在用户上空。其他头显则要么没有外壳，要么就在外壳上挖孔，方便安置摄像机拍摄。

7. 与音频及插座兼容

　　声音对虚拟现实体验的沉浸感很重要，特别是 Google Cardboard，本身就支持特殊的声音效果。如果用户在使用时头显覆

盖了手机的所有边沿，用户就没法使用耳机了。同时也无法使用电插头，这样在长时间看影片时就会担心电源是否充足了。

有些头显外壳并不像其他头显那样完全封闭，而是在顶部和底部两侧各有开口。而且这样的开口还能帮助头显降温，防止镜头起雾等。

8. 控制器

Google Cardboard V1 是谷歌发布的第一台头显，侧面有一个磁铁按钮，轻轻一按，头显马上就脱落了。当然，这种头显并不适用于所有手机。而另外一种头显则有电容触摸屏，用户能够不脱下头显也能控制手机屏幕。另外，开放式的头显自然就没有这些问题，只要简单触碰屏幕即可。

然而也有很多全封闭式的头显没有类似的按钮。这些公司还在与许多 Google Cardboard 应用合作，因为设计师也意识到了这个缺陷，希望目前的应用能主要通过瞳孔聚焦的方式进行互动。而另外一些头显厂商则试图通过捆绑销售外置遥控器解决这个问题。总体来说，要保证用户体验，要么选择自带按钮的头显，要么选择能直接操作手机的，要么选择带外置遥控器的。

9. 价格

目前的移动 VR 头显价格各有不同。开放式可折叠头显价格从 5 美元（VR Fold on AliExpress）到 22 美元（GoogleTech）不等，纸板头显的价格则在 1 美元到 30 美元之间，而塑料头显的价格则最多能达到 100 美元以上。

某些已经上市一段时间的大品牌头显价格会偏高，例如 Merge VR 的售价为 100 美元，Fibrum 的售价为 130 美元，Homido 的售价为 80 美元，以及 Zeiss VR One 的售价为 120 美元。这些产品并不具备好的性价比，除非用户确实喜欢某一款的造型，也愿意为此做出牺牲。

目前虚拟现实头显的价格在 20~50 美元之间的相对合理。这个价格区间的产品包括 Mattel View-Master、暴风魔镜 3，以及 LeNest。这些产品背后的公司看起来售出了不少产品，能够持续投入到研发之中，而且数量上去了，价格也就下来了。

10. 使用舒适度

对用户来说舒适度应该是佩戴头显时要考虑的最重要因素。大部分开放式轻量头显没有这个问题，手机就放在支撑架上就好。LeNest 的解决方法也很简单：外壳打开就能直接把手机放进去，然后再把外壳关好即可。

但有些头显就非常复杂。例如 Freefly VR，用户每次使用前都要先看看说明书，因为下次又不记得方法了。如果头显嵌入手机的方法太复杂，切换应用、播放新视频，甚至更改设置都会很麻烦，因为这些都要使用到手机的触摸屏，买家需要慎重考虑。

6.3.3　推荐的 VR 设备

目前市场上可选的 VR 头戴设备品牌主要有三星 Gear VR、OCulus Rift、HTC Vive 和 PlayStation VR 等，当然相应计算机的配置也必须跟上，否则将直接影响后续的运营。

1.Gear VR

三星 Gear VR 在观看方式、技术等很多方面都与 Google Cardboar 相似，但不同的地方在于 Gear VR 只能"封闭的"支持自家几部旗舰、次旗舰手机，如图 6-6 所示。

不过好就好在 Gear VR 由于只支持自家的手机，所以在交互上、操控体验上有一些突破。三星 Gear VR 内置了诸多传感器（例如距离传感），可以检测到用户是否正在佩戴设备并自动暂停 / 播放内容；右

侧附带了一些输入控制按钮，可以很方便地控制手机上显示的内容（不需要拿出手机再扣上）。

图 6-6　Gear VR 只能支持三星自家的旗舰手机

值得说的是，Gear VR 的内容同样是非常优秀的。一方面是 Gear VR 已经拥有大量的 VR 内容，另一方面 Oculus Support 也为这台设备做强大背书。近期也有一些报道显示，已经有不少老板购买大量 Gear VR 开设 VR 电影院提供给大众付费体验，而且生意不错。甚至在三星 Galaxy S7 的发布会上，Oculus 背后的 Facebook CEO 扎克伯格也为其站台并大呼：VR 时代已来。

Gear VR 兼容的三星手机为：Galaxy S6、Galaxy S6 Edge、Galaxy S6 Edge+、Galaxy Note 5、Galaxy S7 和 Galaxy S7 Edge。

2.OCulus Rift

Oculus Rift 是一款为电子游戏设计的头戴式显示器。它将虚拟

现实接入游戏中，使玩家能够身临其境，对游戏的沉浸感大幅提升。尽管还不完美，但它已经很可能改变将来的游戏方式，让科幻大片中描述的美好前景距离我们又近了一步。虽然最初是为游戏打造，但是Oculus已经决心将Rift应用到更为广泛的领域，包括观光、电影、医药、建筑、空间探索，设置战场上。

Oculus Rift算得上一台真正的VR设备，使我们可以直接进入"真实"的虚拟现实。不过，Oculus Rift本身只要599美元，但是配齐一个强大的游戏计算机可能需要七八千元人民币。作为一个高端游戏计算机的外设，相比于Gear VR，它可以让你感受到更广阔、更真实的游戏世界。

整个Oculus Rift包括一个深度追踪的耳机，一个无线Xbox One手柄和一个Oculus手柄，是目前体验最为全面的设备，如图6–7所示。手柄是一个单纯的滑动设备，普普通通，所以不要寄希望于初代产品能有任何动作跟踪。

图6-7　目前体验感最全的VR设备——Oculus Rift

运行 Oculus Rift 的最低计算机配置为:

※ NVIDIA GTX 970 / AMD 290 或更高。
※ Intel i5-4590 或更高。
※ 8GB+ RAM。
※ HDMI 1.3 视频输出。
※ USB 3.0 接口。
※ 运行 Windows 7 SP1 以上系统。

3.HTC Vive

该设备由 HTC 和 Valve 联合开发,采用了 SteamVR 技术,拥有单眼 1200×1080 的分辨率,90 帧 / 秒的刷新率,4.5m×4.5m 的位置追踪(远远超过 Oculus Rift DK2),还有 110° 的视场角,并配有携带位置追踪功能的游戏控制器,还有一个专门针对 VR 而进行优化的 Steambox 主机。

与 Oculus Rift 和 PlayStation VR 不同,借助 Lighthouse(捕捉系统),实现体验者能在一定范围内的走动,该系统采用 Valve 专利,其核心原理是利用房间中密度极大的非可见光,来探测室内玩家的位置和动作变化,同时实现定位、追踪与控制,并将其模拟在虚拟现实 3D 空间中,目前 Lighthouse 系统可在小于或等于 15 英尺 ×15 英尺的长方形区域使用,通过搭载一对手持控制器与 VR 环境进行交互,HTC Vive 提供的沉浸感和互动性真是相当震撼的。

当然,你得有个大空间去玩 VR,而且还有足够的预算。最重要的是,Vive 是 HTC 和 Valve 合作的产物。Valve 拥有全世界大部分计算机游戏销售渠道。在 Steam 平台上已经有一个 VR 列表,其在计算机游戏领域的地位是一个巨大的优势,如图 6-8 所示,因此对于经常在 Steam 平台上玩游戏的人来说极为方便。Vive 在所有演示上都表现得非常出色——在一个屋子里无障碍地行走是一种非常棒的体验。

图 6-8　使用 HTC Vive 可支持 Steam 平台上的 VR 游戏

4.PlayStation VR

PlayStation VR 在这一轮竞争中有足够多的优势：PlayStation 4 比高端游戏计算机便宜很多，Move 和 DualShock 4 配合 PlayStation Camera 提供了相对便宜的运动控制。PlayStation VR 的开发者很像 Gear VR 的开发者，在单一平台上拥有足够多的目标用户，所以他们可以花更多的时间去优化。

就像所有的高质量 VR 头盔，PlayStation VR 很贵，可能和 PlayStation 4 本身一样贵，要 349.99 美元。锁定 PlayStation 4 这个单一平台对于开发者来说是一件好事，但这也可能导致游戏和演示都比较小规模，而且缺乏忠诚度。

PlayStation VR 是 Sony 对广大主流用户迈出的明智的一步。但是只有等到明确了发售日期与价格之后才能得知它到底会对 Vive 和 Rift 产生怎样的影响。

6.3.4　体验馆的定位

1. 高端的虚拟现实体验馆

　　高端的虚拟现实体验馆以虚拟现实主题公园、游乐场或虚拟现实网吧的形式为主。这类体验馆投资巨大，为玩家配备最先进的设备，通过各种传感器将虚拟现实和真实世界结合起来，提供最佳的虚拟现实体验。可以预见，类似 The VOID、Zero Latency 的虚拟现实主题公园将会是 VR 高端体验场所的代表，如图 6-9 所示，它能提供最优的虚拟现实体验，并且弥补室内虚拟现实的不足之处。

图 6-9　Zero Latency 体验馆内部

2. 网吧＋虚拟现实

　　而在国内，网吧一直是游戏爱好者的第一聚集地，将虚拟现实引入网吧，无疑是普及虚拟现实技术的最佳方式。计算机行业也经历了网吧到家庭的普及路线，虚拟现实设备高昂的价格仍为用户购买设置了较大障碍。随着计算机和智能手机的普及，流行一时的网吧正在面临巨大的生存压力。很多慢慢转型为"网咖"，在原有网吧的功能上打造更好的环境，并提供图书、咖啡、快餐等，改变了上网环境的网吧逐渐变成了高端的游戏娱乐场所，不再是过去那种乌烟瘴气的环境，而这也为虚拟现实的引入提供了条件。

在日本，已经有部分网咖设置了 VR Theater（VR 剧场）的服务，为顾客提供虚拟现实体验场所。著名的虚拟现实企业 HTC 也正试图挖掘这个市场，它与网吧软件供应商顺网科技合作，在杭州试点虚拟现实游戏，玩家可以花费数十元在专门的房间内体验虚拟现实游戏。顺网科技服务于 1 亿网吧玩家，它将在网吧逐步部署 HTC Vive，依托于游戏的力量打开虚拟现实消费市场，一方面增强网吧的竞争力，一方面推广虚拟现实技术。

现阶段，虚拟现实技术仍不完善，存在很多问题，例如画面颗粒感严重、晕眩感强烈、内容不足、交互不自然、硬件成本高等。而一般网吧依靠上网时长收费，体验虚拟现实因晕眩等原因，时长一般不会太长，设备的使用成本高、占用场地大及内容不足都制约着网咖转虚拟现实的发展。

3. 低端的虚拟现实体验馆

而低端的虚拟现实体验馆设备数量和规模都较小，10 平方米左右的虚拟现实体验馆开设成本比虚拟现实主题公园和网咖要低很多，可以作为虚拟现实个人创业的一个方向。在国内，开展虚拟现实体验馆加盟业务的公司很多，都打着夸张的 7D、8D 甚至 9D 影院的旗号，至于真正效果只有亲身体验了才能知道。

因此，体验馆的规划上最好有自己的体验亮点，亮点以先进、新奇和科技感强烈的尤佳，游戏内容、仿真度、沉浸感、互动性等要求上最好精益求精。如除了计算机和头显之外，还要配备完整的 VR 游戏，增加游戏外设、配备一定场地规模的沉浸式体验。目前国内这方面可参考两种主题 VR 体验，一种是 VR 和体感结合的赛车主题体验；一种是沉浸游戏类的无线 VR 体验。

■ 赛车 VR 体验

赛车 VR 体验也就是简单的赛车模拟器加头显设备。因为飙车的

刺激和体感能够覆盖很大一部分热爱游戏、电玩和汽车的人群，再加上VR 的噱头，成为近两年国内在 VR 体验馆试水的途径。而且相较起沉浸游戏式的 VR 体验，赛车模拟器的游戏软件已经相对成熟，国内较高端的赛车模拟器品牌如幻速赛车模拟器也已经能做到精确的体感反馈，因此，无论从硬件还是软件上，赛车竞速的 VR 体验主题是较为容易实现并且风险较低的模式之一，如图 6-10 所示。

图 6-10　赛车类 VR 模拟

■ 沉浸游戏式的 VR 体验

沉浸游戏式的 VR 体验馆则是目前市场上 VR 体验相对较高的级别，国内外在这两年也开始参差不齐地陆续出现。但这种高端游戏VR 体验对于成本要求也理所当然较高。2015 年在澳大利亚墨尔本开业的 Zero Latency 游戏场地就有 4000 多平方英尺，PlayStationEye 摄像头有 100 多台，一局游戏支持最多 6 名玩家，每个玩家背装Alienware Alpha 迷你游戏主机的背包与佩戴的 OCulus Rift 眼镜进行游戏交互控制。如果有能力的投资者可以尝试，但这样高端的 VR体验，针对消费者的人群也必有筛选的过程，Zero Latency 的门票价格在 40 英镑以上，倘若移植到中国，恐怕市场会水土不服。

6.3.5　收费与运营

　　影响 VR 体验馆的成功与否，除了 VR 设备和体验内容的亮点之外，收费计时和附加服务等运营模式也是关键因素。收费定价通常需要根据商家的成本回收预估、设备体验模式、一家店每天的最大体验容量，甚至当地的消费观念及消费水平来定。因此商家在定价上需要谨慎，既要符合 VR 体验馆的高端定位，又不能高端得让消费者敬而远之。

　　而增加客流量的技巧除了常规的活动促销、节日优惠、会员模式等方式，在 VR 设备的选取上其实就可以有些讨巧的方式。例如前文提及的赛车竞速的模拟器，这种赛车竞技 + 科技体验的设备最容易吸引结群的年轻消费者，在数量上就有优势。结合设备，店家还可定期举办赛车竞速活动，毕竟竞技型游戏体验对于年轻群体具有长盛不衰的吸引力，如图 6-11 所示。

图 6-11　VR 视角的传统竞技游戏

　　此外，在体验馆开设前期，考虑到宣传亮点和成本回收的压力，店家可把 VR 体验和其他主题结合，如网吧、电玩、竞技、桌游、社交、休闲、娱乐、俱乐部等，一方面减少投入风险，一方面丰富店铺的收入渠道。